图说海洋

海洋与文明

葡萄牙

武鹏程◎主编

海洋出版社
北 京

图书在版编目（CIP）数据

海洋与文明．葡萄牙 / 武鹏程主编．-- 北京 : 海洋出版社，2021.1
（图说海洋）
ISBN 978-7-5210-0615-5

Ⅰ．①海… Ⅱ．①武… Ⅲ．①葡萄牙－历史－通俗读物 Ⅳ．①K552-49

中国版本图书馆 CIP 数据核字（2020）第 127374 号

图说海洋

海洋与文明
葡萄牙

HAIYANG YU WENMING
PUTAOYA

总 策 划：刘 斌
责任编辑：刘 斌
责任校对：肖新民
责任印制：赵麟苏
排 版：海洋计算机图书输出中心 晓阳
出版发行：海洋出版社
地 址：北京市海淀区大慧寺路8号（716房间）100081
经 销：新华书店
技术支持：(010) 62100055

发 行 部：(010) 62174379（传真） (010) 62132549
(010) 68038093（邮购） (010) 62100077
网 址：www.oceanpress.com.cn
承 印：北京朝阳印刷厂有限责任公司
版 次：2021年1月第1版
2021年1月第1次印刷
开 本：787mm × 1092mm 1/16
印 张：14.5
字 数：278千字
印 数：1～4000册
定 价：58.00元

前 言

葡萄牙位于伊比利亚半岛的西南部，刚开始只是一个国土狭小、人口稀少的小国，还毗邻宿敌西班牙，就像是老虎嘴边的肉，随时都有被吞并的危险。葡萄牙在强大以前的历史，完全是一部被外族征服统治的历史。经过几个世纪与外族抗争，葡萄牙成为 14 世纪欧洲第一个独立的国家。

公元 1415 年，葡萄牙国王若奥一世携儿子亨利王子，出动战船 200 艘、海军 1700 人、陆军 19 000 名攻陷休达城。此战标志着葡萄牙向外扩张的开始，由此拉开了大航海时代的序幕，这才有了日后“大葡萄牙海上帝国”的景象。

葡萄牙是欧洲第一个开辟印度航线的国家，葡萄牙籍的航海家迪亚士、瓦斯科 • 达 • 伽马等为葡萄牙创下了不朽的航海历史，海洋扩张促进了葡萄牙的殖民事业，使其成为历史上第一个世界性的殖民帝国。

到了 16 世纪时期，葡萄牙的国力达到顶峰，全盛时期的领土面积达到 1040 万平方千米，领土遍及欧洲、非洲、亚洲、美洲。

自古被欧洲称为“黄金贸易”的香料，成为葡萄牙帝国前进的动力，而垄断蔗糖和奴隶贸易，则帮助它变成世界性的商业帝国。后来因为王位继承问题，葡萄牙不幸被西班牙兼并，加之英国、荷兰和法国等大国的崛起，葡萄牙的海外贸易逐渐被蚕食，使得葡萄牙帝国走向衰落。即便如此，葡萄牙帝国依旧是持续时间最长的殖民帝国。

本书详尽叙述了葡萄牙海洋帝国的成长之路，海洋使得葡萄牙这个蕞尔小国成为世界历史上赫赫有名的殖民帝国，失去了海洋贸易的葡萄牙最终又回落到它的本来位置。海洋与文明的纠葛让人惊叹不已。

本书由武鹏程主编，参与资料及图片整理的还有郑亭亭、郑玉洁、刘美霞、田静宇、文英娟、孙洁、尤晓莉、赵海风、赵兴平、徐东升、晁福洲、文晓波、桑燕、郑爱华、赵义文、林传洪、郑全法等。

目 录

第二章　葡萄牙的建立 / 22

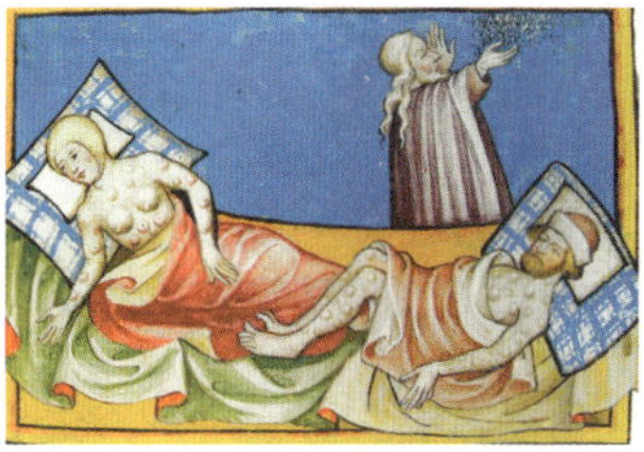

第三章　和平与动荡交织 / 43

第四章　葡萄牙航海时代的开端——阿维什王朝 / 66

第五章　葡萄牙兴盛的开始 / 90

第六章　葡萄牙的全盛时期 / 103

第七章　葡萄牙走向衰落 / 166

第一章
葡萄牙的起源

葡萄牙作为一个国家出现在12世纪。葡萄牙人的出现比葡萄牙的形成要早很多，他们的历史非常悠久。凯尔特人、罗马人、西哥特人、阿拉伯人都先后来到过伊比利亚半岛，带来了不同的文化、制度、技术等。葡萄牙人可以说是几千年来血缘混合和文化不断融合的产物。

凯尔特人涌入葡萄牙

从公元前1000年开始，古老的凯尔特人为了寻找耕种和定居的场所，经陆路从中欧涌入伊比利亚半岛。那时的凯尔特人已经会打造铁器，因此比当地的定居者有着明显的技术优势。

葡萄牙北部的家族结构和村庄组织都源自凯尔特人的经验，而且凯尔特人基于风笛的音乐传统被葡萄牙继承了下来。

凯尔特人同时也是制造金银首饰的能工巧匠，今天葡萄牙的农村妇女仍然保留着戴耳环的习惯，她们戴的耳环与2500年前的耳环极其相似。这表明耳环样式深受凯尔特人的影响，演变非常缓慢。

◉ 西哥特人掌管狩猎、生育、动物、植物、荒野等的神祇－塞纳诺斯

罗马人登陆伊比利亚半岛

公元前 3 世纪，葡萄牙的南部一度为迦太基所统治，处于迦太基的哈米尔卡和汉尼拔时代。后来罗马在第二次布匿战争中（公元前 218—前 202 年）打败了迦太基，并将迦太基人从伊比利亚半岛赶走。在此之后，罗马人留在了这里，开始逐步蚕食这块土地。但是罗马人的征服进展得很缓慢，伊比利亚半岛的土著对罗马军团进行了勇猛的抵抗。直到基督诞生（公元元年）的前几年，即屋大维统治时期，罗马军团才打垮了伊比利亚人的抵抗。随后，罗马统治了伊比利亚半岛几个世纪，对这里产生了深远的影响。罗马人完全改变了这里的经济基础、村落的格局、社会组织形式、劳动技术、民间的信仰和风俗习惯甚至使用的语言。

在罗马殖民统治时期，整个伊比利亚半岛逐渐接受了现在称为“古典式”的文化形式。从意大利半岛来的罗马商人和殖民者随着罗马军团接踵而至。他们带来了先进的工程技术，建立了连接里斯本巨大港口和富饶北方的战略高速通道，直到 2000 年后的铁路时代才被超越。他们凿通山岳，并在山谷中修建起罗马式的引水渠和道

迦太基名将－汉尼拔

汉尼拔·巴卡一人挑战了罗马帝国，他在第二次布匿战争期间，奇迹般地率领军队从西班牙翻越比利牛斯山和阿尔卑斯山进入意大利北部，并多次以少胜多重创罗马军队。由于他在军事及外交活动上的突出表现，被誉为战略之父。

汉尼拔的父亲－哈米尔卡

哈米尔卡全名为哈米尔卡·巴卡，是迦太基名将汉尼拔的父亲，也是西班牙的开拓者。

路。他们还给农民带来了更先进的耕作方法，使得伊比利亚半岛的粮食供应量逐渐增长，能供养更多的人口。罗马人还推广种植葡萄、橄榄、小麦、黑麦、无花果和樱桃。推广这些作物的目的一部分是为了就地食用，更多的是为了出口创造更多的财富。罗马人买来大量的奴隶种植农作物。受此影响，葡萄牙的劳动力完全由奴隶承担的生产方式，一直持续到 18 世纪。

罗马商人和殖民者还带来了罗马法，现在罗马法仍是葡萄牙和巴西的法律基础。城市法律和行政管理普遍采用了罗马式，罗马

⊙ 迦太基遗址

迦太基一词源于腓尼基语，意为“新的城市”，坐落于非洲北海岸（今突尼斯），与罗马隔海相望。因为在三次布匿战争中两次失败，被罗马打败而灭亡。

在罗马帝国时期，凯尔特人与日耳曼人、斯拉夫人被罗马人并称为欧洲的三大蛮族。

⊙ 罗马时代建立的设施：塞哥维亚水渠

塞哥维亚水渠位于塞哥维亚老城区，用于从 7 千米外的山上引水入城，城内的高架水渠总共有 167 个桥拱，距地面最高处约 30 米，由坚固的花岗岩建成，水渠上方壁龛中的富恩西斯拉圣母像是“天主教双王”时期替换上去的，也是塞哥维亚城的守护圣母。水渠另一面的壁龛中的雕像如今已缺失，有人猜测可能是圣塞瓦斯蒂安的圣像。

人使得城市获得了财政和司法权力以及持久而复杂的责任。一些重要的城市可以铸造自己的货币，市政府成为葡萄牙政治统治系统的关键。

修道区是一种行政和司法单位，葡萄牙领土上有三个修道区，它们的边界与今天葡萄牙的国境线大致吻合。因此有学者认为，罗马人的占领划定了后来葡萄牙的国境。

伊比利亚半岛的原住民的城市分为自由城市和交纳赋税的城市。自由城市可以保持自己的法律和罗马对其统治的独立性。不同形态的城市的形成，源于伊比利亚半岛对罗马人入侵时的态度。顺从者得到自由，反抗者一律缴纳赋税，而且受到压制。伊比利亚半岛上的罗马人和新的领主强迫人民交纳赋税，即使躲在山上也不能幸免。

收税的制度一方面促使伊比利亚半岛的人民使用货币；另一方面导致集体经营土地制度逐渐转变为私人经营土地制度。集体经营土地制度是农作物生产所得归集体劳动者所有，私人经营则是生产所得绝大部分被私人占有，实际劳动者被严重剥削，收入与付出严重不对称，所得甚微。

◉ 凯尔特人－图片来自《寂静》－波斯尼亚的摄影师 Maja Topcagic

凯尔特人分布于西欧，现今爱尔兰人、苏格兰人、威尔士人、英格兰的康沃尔人和法国的布列塔尼人都属于凯尔特人，是如今组成欧洲人的重要民族之一。

外族人的相继到来

公元376年，西哥特人遭到匈人的袭击，被赶过多瑙河，进入罗马帝国。5世纪初，西罗马帝国即将垮台。公元410年，西哥特人在国王阿拉里克的带领下进入意大利，围攻罗马城。在城内奴隶的配合下攻破罗马城，掠夺而去，这加速了西罗马帝国的崩溃。

◉ 西哥特国王阿拉里克（一世）

阿拉里克，日耳曼语意思为“所有人的统治者”。

阿拉里克一世在公元410年攻下罗马城，3天后死于前往西西里和北非的途中。

西哥特人属于哥特人，是东日耳曼人的一支。哥特人从公元2世纪起就定居在欧洲东部乌克兰一带，其中居住在德涅斯特河西的就被称作西哥特人。

公元419年，西哥特人在伊比利亚半岛上的高卢南部和西班牙地区，以图卢兹为中心建立第一个得到罗马帝国承认的蛮族王国，即西哥特王国。

◉ 被西哥特人锁住的雕像

公元410年8月罗马城被西哥特人攻占，蛮族士兵将绳索套上城内的雕塑。1890年法国画家西尔韦斯特绘制。

◉ 西哥特人的鹰形别针

这枚西哥特人的鹰形别针发现于西班牙南部巴达霍斯省，现藏于美国马里兰州巴尔的摩市，制造于公元6世纪左右。这种别针一般多是成对出现，可能是用来扣住肩上的斗篷。

简化后的拉丁语逐渐代替了原来的方言，成了葡萄牙人的日常用语。如今的葡萄牙语与原来的拉丁语差别不大。在建筑方面，葡萄牙效仿罗马统治下的意大利。由于罗马帝国开始信奉基督教，受其统治的伊比利亚半岛上的人们也深受其影响。

◉ 斯维汇人雕塑

斯维汇人也称苏维汇人、苏维比人、苏威皮人，生活在莱茵河沿岸。斯维汇人骁勇善战，他们会每年从每个村镇征召战士出外作战，剩下的人则在家园耕种，第二年这两部分人员轮换。在罗马帝国后期，斯维汇人成了冲击罗马帝国边境的一支力量。公元 409 年，一部分斯维汇人同汪达尔人、阿拉诺人一起经高卢侵入伊比利亚半岛。

汪达尔人本是日耳曼人，在伊比利亚半岛南部住了很长时间，曾长期劫掠伊比利亚半岛的人民，后来迁往非洲。

匈人入侵西欧使得很多部族失去了家园

由于匈人入侵西欧，西哥特人、阿拉诺人、汪达尔人和斯维汇人被粗暴地赶出自己的家园，在欧洲大陆游荡，以寻求一块安身立命之地。他们在 5 世纪初相继来到了伊比利亚半岛。伊比利亚半岛的人民在罗马人统治的 500 年里，长期受到罗马军团的保护而逐渐丧失了本身骁勇善战的品质，如今随着罗马帝国的衰落，又让伊比利亚半岛接二连三地成为以上几个部族的掠夺之地。

斯维汇人在伊比利亚半岛建立斯维汇王国

斯维汇人也属于日耳曼人，他们在伊比利亚半岛西北部建立了一个王国，即斯维汇王国，定都布拉加，包括加利西亚和葡萄牙的北部。

◉ 古钱币上的恺撒

恺撒是古罗马共和国第一个亲身深入高卢西部和北部、到过不列颠和莱茵河以东的日耳曼地区、亲眼见过当地的山川形势和风俗人情的人，他所写的《高卢战记》是非常重要的第一手资料，在这本书里就有关于斯维汇人的详细记述。

斯维汇人的数量虽然不多，却极其迅速地占领了罗马人统治的省份，他们没有遇到民众大规模的抵抗，顺利地安顿下来。这种局面跟罗马帝国后期的社会状况息息相关。罗马的经济建立在奴隶劳动的基础上，而此时大量搜罗奴隶已经十分困难，所以导致了严重的经济衰退。这破坏了中等阶级的生活，使得农民的处境进一步恶化，半自由民开始沦为半奴隶。罗马的统治使伊比利亚半岛的人民遭受了不平等和贫困，这也是斯维汇人入侵如此顺利的原因。

◉ 西哥特国王 – 狄奥多里克一世

狄奥多里克一世，其统治时期为公元 418–451 年，建立了第一个日耳曼王国，期间几乎占据了整个伊比利亚半岛。在公元 451 年的沙隆之战中死于东哥特人的标枪下。

西哥特人以罗马同盟者的名义来了

公元 415 年，西哥特人在阿陶尔夫的率领下进入伊比利亚半岛定居。公元 418 年，阿拉里克之孙狄奥多里克一世以西罗马帝国同盟者身份定居阿奎丹，并建立了第一个日耳曼王国，定都图卢兹。随后入侵西班牙，将汪达尔人、阿拉诺人排挤到北非。这期间，西哥特人占领了伊比利亚半岛除斯维汇王国之外的部分，

◉ 西哥特王国壁画 – 六位国王

由于壁画被破坏得比较严重，只知道这里有该王国的最后一位国王，但却无法辨认是哪一位了。

并逐步向人数较少的斯维汇人进逼。到了 6 世纪，西哥特人完全吞并了斯维汇人的王国，斯维汇人被纳入了更为广泛的日耳曼伊比利亚帝国，即西哥特王国。于是，西哥特人完成了对伊比利亚半岛的完全统治，一直持续到公元 711 年。

尽管葡萄牙被西哥特王国统治了近 300 年，但西哥特王国并没有像罗马一样对其在文化、经济、法律方面产生很大影响。一部分原因是西哥特人的首都在今西班牙的托莱多，与葡萄牙相隔甚远。在很多历史学家看来，葡萄牙被西哥特王国统治的历史，只不过是之前 500 年罗马文化与之后 500 年伊斯兰文化之间的一段中间过渡期。在公元 5 世纪，斯维汇人和西哥特人也相继信奉基督教。基督教在罗马时期就从地中海传到了伊比利亚半岛，但西哥特人又一次推动了基督教在伊比利亚半岛的传播。即便在之后的 500 年里伊比利亚半岛一直被阿拉伯人统治，基督教徒还是幸存了下来。

西哥特王国的统治

西哥特王国没有带来新的社会组织形式和新的劳动技术，因为西哥特人的数量不多，而且他们的文化水平比当地人还要低。所以，西哥特王国只是沿用罗马帝国建立的社会和经济结构服务于自己的统治。而这个时期，罗马帝国开始了更

◉ 西哥特人的战斗场景

加严重的衰落，贸易活动停滞不前，尤其是出口贸易。只有政治地位日益上升的基督教会维持着文化活动。

西哥特国王加入了基督教

起初西哥特人是不信天主教的，他们信仰阿里乌斯教，这是从基督教分出来的一个教派，与正统的罗马教派有所不同，所以西哥特人和伊比利亚半岛的罗马人一直相处得不愉快。两者有着不同的法律，而且不同种族禁止通婚。西哥特人在伊比利亚半岛宣传阿里乌斯教的教义，然而后来他们自己也接受了罗马基督教教义。公元589年，西哥特国王雷卡雷德一世在其主教和贵族的陪同下，召开第三次托莱多宗教会议，宣布加入基督教，并定罗马基督教为国教。公元654年，颁布了统一的法律，即《西哥特法典》，要求伊比利亚半岛全体居民共同遵守。

西哥特王国的统治比罗马统治时期有了很大改观

8世纪初，伊比利亚半岛的社会组织由教会、贵族、平民三种基本成分构成。教会在经济上富裕、政治上强大；贵族拥有财权和军权；平民受教会控制缴纳贡税。这三种基本成分是中世纪葡萄牙社会的根基。

西哥特王国把部分土地分给了在伊比利亚半岛上劳动的农民，最好、最肥

◉ 狄奥多里克大帝

狄奥多里克大帝是东哥特国王（493—526年），从公元511年开始成为西哥特王国的摄政。

◉ 第一届大公会议－来自希腊米加洛·梅特隆修道院

阿里乌斯教是由曾任亚历山大主教的阿里乌斯领导的基督教派别，根据《圣经》所载主张耶稣次于天父和反对教会占有大量财富。在不同的大公会议中都斥之为异端。在此图下方就绘有下跪的阿里乌斯。

◉ 人力投石器

这个时期在战争中往往会使用投石器来攻城略地，而此时的投石器比较原始简单。

阿里乌斯教于公元 318 年或 320 年公开发表主张，强调基督既不是真神，也不是真人，是天父与人之间的半神（Semi-god），这一点与基督教有着明显的不同。

◉ 促成《西哥特法典》的两位西哥特国王－壁画

《西哥特法典》是西哥特族中最为古老的一部法典，西哥特部落的法律最早由尤里克国王在公元 475 年制定，该法典受到了罗马法的强烈影响。后来又经过多位国王的修正，最终确立。

沃的土地则归西哥特人所有。新的西哥特人地主从前并不是农民，也不是工匠，只是一介武夫。他们有着更好的社会地位不仅仅是因为拥有更多的财富，也不是因为受到了更好的教育，更不是有指挥农民劳动的才能，最大的原因是他们是西哥特人，是因为他们种族的不同。

西哥特人拥有军事义务，只有他们才有权使用武器。民族歧视、民族压榨依旧存在，只是与之前罗马人的统治相比，情况已经有了很大的改观。

基督教廷的财富与权力与日俱增

基督教的进一步发展使得教区作为居民点，代替了原来农业村镇的职能，

《尼西亚信经》为基督教三大信经之一。公元 325 年，君士坦丁大帝为解决亚流派所引发的东西方教会严重的教义分歧与争议，于是召集各地主教召开了基督教历史上第一次全国性的大公会议。

居民区的精神领袖逐渐由原来的村镇领主变为教区长。教区长也不再像以前一样从基督教徒中选举产生，而是由受过专门文化教育的教士担任。教区的收入由善男信女的捐赠产生，因为基督教宣扬只要尽力捐赠，死后就可以进入天堂。

主教区由几个教区组成，各教区将 1/3 的收入上交给主教，于是基督教廷的财富与日俱增。

教会除了拥有庞大的经济实力和控制人民思想和舆论的权力，还掌握着国家财政大权。

主教会议既可以制定教会内部的法律，也可以制定全国人民都要遵守的法律。教会的权力甚至一度超过国王的权力，因为国王终究是凡人，而教会是在传达神的旨意，甚至当基督教廷认为国王不称职时，可以黜免国王。

阿拉伯人的统治

公元 7 世纪上半叶，阿拉伯半岛上出现了一个快速崛起的新兴国家。到了 7 世纪下半叶，阿拉伯人开始往外扩张，先后征服了地中海东部和北非等地，成了跨越亚洲、非洲和欧洲的阿拉伯帝国。与北非隔海相望的伊比利亚半岛成了这个帝国的下一个目标。

阿拉伯人成了伊比利亚半岛的新主人

公元 8 世纪初，西哥特王国处于内忧外患之中，国内因在封建化过程中出现了

⊙ 阿拉伯帝国士兵所使用的弯刀

这种弯刀适合在马背上使用，比欧洲的长剑更适合作为骑兵的战刀使用。

公元 632 年，阿拉伯半岛上的各部落民众开始以伊斯兰教为核心，建立了一个统一的阿拉伯国家。

古代阿拉伯人在骑马作战时都把盾牌套在左胳膊上，这样左手可以拉住缰绳，右手可以挥刀；但欧洲人骑马作战时却是左手拿盾牌，右手拿剑，没有用手拉着缰绳，似乎没有阿拉伯人安全稳定。

⊙ 灭亡西哥特王国的阿拉伯名将－塔里克·伊本·齐亚德

塔里克·伊本·齐亚德原是柏柏尔人，被阿拉伯帝国名将穆萨·伊本·努赛尔征服之后成为其麾下的奴隶，之后参加阿拉伯军队，战功卓著。

当今全世界所使用的数目字都称作“阿拉伯数字”，阿拉伯人是当之无愧的发明创造者。在公元 825 年前后，阿拉伯世界有许多闻名遐迩的大数学家，例如艾尔·哈瓦利兹米和艾尔·金迪，他们有许多留世的著作，如《代数学》，当时已有印刷本问世，阿拉伯文的数字体系在数学经典著作中已成定型。阿拉伯数学家的著作 300 年后才陆续进入欧洲。

公元 708 年，穆萨·伊本·努赛尔担任伊非里基亚总督（即非洲总督）后，开始了对西北非的柏柏尔人、西哥特王国以及伊比利亚半岛的占领事务。他在任期间，还组建了海军，袭击西西里、撒丁等岛屿。他使阿拉伯化的柏柏尔人成为征服西班牙的重要力量，被美国西点军校列为世界上最有军事才华的人物之一。

激烈的社会矛盾而陷入了分裂状态：政府与教会的权力之争，沦为农奴的平民对国王越发不满，再加上王室的腐败，无不加重了种种矛盾的冲突。公元 710 年因王位继承发生的内乱进一步削弱了西哥特王国的实力。

公元 711 年，阿拉伯人派遣了一支由塔里克·伊本·齐亚德率领的军队渡过直布罗陀海峡，进入了伊比利亚半岛。而此时西哥特王国的一些贵族居然加入了阿拉伯人的队伍，对抗西哥特国王的军队。

相传西哥特国王罗德里克身穿红袍、头戴金冠，乘着象牙车御驾亲征抵达战场。阿拉伯人骑在长尾小马上，连着包头巾的宽大外套在身后飘荡，狂呼乱喊，挥舞着短矛或弯形大刀从四面八方疾驰而来，气势不可阻挡。很快阿拉伯人打败了西哥特的军队，罗德里克本人也战死沙场。

在此之后，阿拉伯人便再也没有遇到西哥特人多少抵抗，他们势如破竹、长驱直入，很快征服了几乎伊比利亚半岛全境。直到现代，很多人也对此感到惊奇：那个交通和通信十分落后的年代，而且伊比利亚半岛各地差异很大，阿拉伯人却非常顺利地推翻了西哥特王国，成了伊比利亚半岛的新主人。

◉ 西哥特国王罗德里克和他的军队

罗德里克国王在位时间仅 1 年。
公元 710 年，西哥特国王维提扎去世，罗德里克在继位战争中胜出，加冕为王。公元 711 年，罗德里克国王率军与柏柏尔军队交火，并在这场战争中死亡。

◉ 罗马人靠人力或者畜力碾磨

阿拉伯人带来了技术，葡萄牙的经济逐渐复苏

在阿拉伯人统治伊比利亚半岛的近500年里，对这里的社会、文化、技术等都产生了深远的影响。根据语言学家统计，如今葡萄牙语中有几百个单词来自阿拉伯语。在这个时期，伊比利亚半岛人们的日常用语依旧是保持拉丁化，但是涉及植物、工具、度量衡、车等名词和技术用语则借用阿拉伯语。

◉ 阿拉伯人的发明之肥皂

洗涤身体是穆斯林日常礼拜必需的礼仪，凡是穆斯林都爱清洁，古代的埃及和古罗马都曾经有过洗涤品，但是阿拉伯人将油料经过化学处理，发明了现代的洗涤肥皂，这是科学新成就。肥皂经由十字军东征传入欧洲。

阿拉伯人带来了先进的农业技术，葡萄牙的经济逐渐复苏，农业技术也有了发展。水车和水磨的出现提高了农业生产的效率，灌溉也得到了很大的改进。水车代替人力将水从河里提到田里，而且可以浇灌相对分散的小块土地，以水流为动力的机械化碾磨代替了原来人力或畜力的石磨，这都大大减少了人们的劳动量。以往的农业村镇基本都需要大量人口集体劳作，得益于技术的进步，小土地经营也逐渐发展了起来。

唐朝与阿拉伯帝国的战役——恒罗斯之战

我国历史上第一次与阿拉伯帝国交战是有记载的。

公元6—8世纪，欧亚大陆上有三个大帝国正处于兴盛期，分别是拜占庭帝国、阿拉伯帝国和唐朝。

公元750年，唐朝高仙芝奉命出兵，击破车师国并俘虏其国王，使唐朝成为塔里木地区、伊犁河流域和伊塞克湖地区的宗主。

到了公元751年，高仙芝继续西征，征讨石国时，掳走石国国王及其部众，格杀老人与小孩，搜取财物，该国王子遁逃。之后，石国王子向阿拉伯帝国求救，这才有了恒罗斯之战。

根据记载，唐军与阿拉伯军交战5天，最后由于盟军叛变，唐军败于阿拉伯军。此战虽败，但唐朝在西域的影响力并未受到影响，但是没能阻止伊斯兰文化的流入。

此战过后，唐朝发生了著名的安史之乱，就连西方的历史学家也认为，如果没有这场内乱，唐朝很快就会从阿拉伯人手中夺回他们的霸权。

◉ 恒罗斯之战

阿拉伯人带来了文化，使人民的生活变得丰富多彩

阿拉伯人还将古希腊哲学家、数学家们的古典著作翻译为阿拉伯语，推动了科学与知识的传播。在海军建设上，阿拉伯人将观象仪和指南针引入到了航海技术和地图绘制中。阿拉伯人在常有巨浪的印度洋航行中积累了大量的造船经验，所以新造的船只能很好地适应大西洋的航海。阿拉伯人的技术还广泛应用在了民用建筑上。葡萄牙建筑的几个特征，如砖铺的道路、带顶的烟囱、带瓦的墙，这都是源于阿拉伯文化。值得一提的是瓷砖装饰艺术，伊斯兰的瓷砖装饰多为几何图案，而基督教喜欢建造巨大而复杂的瓷砖壁画，用以描绘英雄故事和生活场景。阿拉伯人统治之下的葡萄牙里斯本有公共热水浴室和良好的卫生条件。社会生活逐渐被音乐、舞蹈和精美服饰所主导，开始变得丰富多彩。

◉ 阿拉伯人的发明之地毯

今日的豪华室内装饰不可缺少地毯，这是伊斯兰世界的文明产品。中世纪的阿拉伯宫殿或豪宅，或富裕家庭的野外帐篷内，必铺厚厚的地毯，表示财富和地位。伊斯兰地区的羊毛生产和化学染色技术，使地毯成为一种高级工艺品。

早期的欧洲城堡或宫殿，地上是黄泥或石板，从伊斯兰国家那里学会了铺地毯后，一直到今天，还没有找到更优美的替代品。

◉ 伊斯兰几何图案瓷砖装饰

◉ 基督教大而复杂的瓷砖壁画（局部）

伊斯兰教在葡萄牙蓬勃发展

随着阿拉伯人在伊比利亚半岛的统治加深，伊斯兰教也得到了蓬勃发展，导致大量葡萄牙的基督徒改变了自己的信仰，加入了伊斯兰教，旧的罗马式教堂被改建或重建为清真寺。

很多葡萄牙人依旧坚持自己的宗教信仰，遭到了阿拉伯人的不平等对待。

如果接受伊斯兰教，成为伊斯兰教大家庭的一员，便可以与阿拉伯人享受同样的权利和义务；如果坚持信仰基督教，虽然还是可以保持自己的土地耕种和宗教活动，但必须缴纳赋税，而且基督教的宗教活动受到伊斯兰教的限制；倘若基督教徒反抗伊斯兰教，必定遭到镇压，即便免除死刑，也会被贬为奴隶卖掉。

总的来说，伊比利亚半岛的阿拉伯人的政权，是由征服民族建立起来的封建政权，存在着阶级压迫、民族压迫、宗教压迫。虽然在宗教上阿拉伯人的政策较为宽松，但信仰不同总会有冲突。很多基督徒坚信自己的信仰，不能接受伊斯兰教。这意味着阿拉伯人的统治存在着巨大隐患，注定不能长久。

倭马亚王朝是阿拉伯帝国的第一个世袭制王朝。统治时间自公元 661 年始，至公元 750 年终。该王朝是穆斯林历史上最强盛的王朝之一。

◉ 西班牙阿尔汗布拉宫

阿尔汗布拉宫又称“红宫”，是阿拉伯人统治者于 1354-1391 年在西班牙建立的格拉纳达王国的宫殿，也是阿拉伯人留存在西班牙所有古迹中的精华，有“宫殿之城”和“世界奇迹”之称。

收复失地运动

阿拉伯人占领了伊比利亚半岛后，无法接受伊斯兰教和阿拉伯人统治的人们，纷纷迁徙到贫瘠、崎岖不平、人烟稀少的北部山区——阿斯图里亚斯山区。这里没有被阿拉伯人占领，所以成了一些抵抗运动的中心，由此开始了持续 7 个世纪的收复失地运动。

这场斗争是伊比利亚半岛人民反抗外族阿拉伯人入侵，也是基督教反击伊斯兰教侵犯的一部分，伊比利亚半岛人民反抗阿拉伯人的部队也成了罗马教皇号召组织的十字军东征的一部分。

◉ 第一任阿斯图里亚斯国王佩拉约－雕像

反抗者建立了阿斯图里亚斯王国

公元 718 年，阿斯图里亚斯山区的逃亡者在佩拉约的领导下与一支阿拉伯人的军队在科法敦加打了一仗并取得了胜利，即科法敦加战役。这次胜利的消息在流传过程中被过度夸大，变得与事实严重不符，基督教徒们却因此受到了很大的鼓舞，被视为收复失地运动的起点。

阿斯图里亚斯王国的前几任国王自称的头衔是 Princeps（王公）和 Rex（国王）交替着使用的，直到阿方索二世时期才确定了只使用“国王”这个词。

◉ 领导收复失地运动的佩拉约

佩拉约是西哥特遗族为抗击阿拉伯人所推选的首领。至于他的相貌已无从考证，可人们更愿意相信他具有西哥特勇士的形象：体格健硕、肩膀宽厚，留着胡须和略长的头发；身披战袍，手持利剑，目光坚毅。总是与他一起出现的是一个“胜利十字架”，意味着在基督教（天主教）信仰的凝聚和帮助下，信徒们从此开始对穆斯林展开反击，夺回之前的土地。

◉ 阿方索三世

阿方索三世即位后将都城从奥维耶多南迁到了莱昂，从此该王国被称为莱昂王国。不仅如此，他还击败了摩尔人的进攻，并将国家版图向南扩张到了波尔图、科英布拉、扎莫拉和布尔戈斯一线。

杜罗河是一条横贯西班牙和葡萄牙的河流，发源于西班牙东北部的伊贝里卡山脉，从葡萄牙的波尔图注入大西洋。

阿拉伯人本可轻而易举地将这个反抗组织斩杀于萌芽之中，但是由于阿拉伯人过度轻视，使得反抗者们建立起一个阿斯图里亚斯王国，并且逐渐变得很强大，以至于阿斯图里亚斯王国的基督徒，开始深入阿拉伯人在伊比利亚半岛的领土进行袭击。起初只是小规模的劫掠，后来变成大举入侵，并开始着眼于重新征服伊比利亚半岛，夺回曾经的家园，赶走伊斯兰教和阿拉伯人。

到了公元 9 世纪，阿斯图里亚斯王国在阿方索三世带领下，在伊比利亚半岛西部向南扩张，到达了杜罗河，几个大城市被占领（按现在版图说就是葡萄牙的领土）。阿斯图里亚斯王国成长得极为迅速，又过了一段时间，通过扩张合并，阿斯图里亚斯王国成了有名的莱昂王国。

葡萄牙的疆域逐渐形成

阿拉伯人在伊比利亚半岛的统治并不稳固，虽然数量巨大的阿拉伯人和非洲柏柏尔人在伊比利亚半岛定居，但是在全部居民中这些外族人仍然只占少数。

阿拉伯人此前依靠团结控制着伊比利亚半岛，然而这时的阿拉伯人内部出现了矛盾，家族之间开始自相残杀，从而无法有效地应对基督教邻国的攻击。

公元 1002 年，科尔多瓦哈里发国（白衣大食）的统治者阿勒·曼苏尔逝世，表面上的团结再也维持不住，国家分裂成一群彼此混战的伊斯兰小国，此后再也没有重新联合起来。

公元 11 世纪，基督教的君主们趁着伊斯兰教的分裂，抓住了一个进攻阿拉伯人的好机会。在 11 世纪的后半期，伊比利亚半岛上的基督教君主们或多或少地联合了起来，协力合作、共同抗击，向南扩张，使葡萄牙的疆域逐渐形成为现代的样子。

莱昂王国与阿拉伯人的斗争

莱昂王国的阿方索六世是伊比利亚半岛上所有基督教王国的霸主，也是阿拉伯人入侵以来，伊比利亚半岛上基督教徒最有力的统治者。他是伊比利亚半岛反抗伊斯兰教的领头人。公元 1086 年，在阿拉伯人节节败退的时候，约 2 万北非来的柏柏尔人，在优素福·伊本·塔什芬的率领下，前来支援伊比利亚半岛的阿拉伯人，并在萨拉卡战役大败阿方索六世，传闻阿方索六世只带了 300 人突出重围、死里逃生。而柏柏尔人则带着 4 万多个首级作为战利品运回北非，并重新统一了伊比利亚半岛上的伊斯兰国家，建立了穆拉比特王朝。阿方索六世没有灰心丧气，更没有失去斗志。

阿方索六世

阿方索六世身任莱昂国王（1065—1070 年）、卡斯蒂利亚国王（1072—1109 年）。

教堂中出现的十字架绘图

作为西哥特王国某种形式的延续，阿斯图里亚斯王国时期的建筑继承了一部分西哥特教堂的特征，尤其是十字架，与佩拉约身后的十字架非常相似。

不久后，他沿着大西洋海岸向南推进。

⊙ 卡斯蒂利亚王国时期铸造的钱币

收复失地运动取得了胜利

公元 1212 年，卡斯蒂利亚王国（曾隶属于莱昂王国，后与莱昂王国以及阿拉贡王国合并，形成今日的西班牙）的阿方索八世在欧洲其他国家的十字军的支持下，统帅联军与柏柏尔人的军队在托罗萨进行决战，大获全胜。据不完全统计，至少有 16 万柏柏尔人战败被杀。

公元 1230 年，卡斯蒂利亚王国与莱昂王国合并，成为伊比利亚半岛上反抗阿拉伯人统治的中心，拥有最强大的一支反抗武装。公元 1236 年，他们攻克阿拉伯人在伊比利亚半岛上的首都科尔多瓦，至此，收复失地运动取得了决定性的胜利。

同时，在伊比利亚半岛的东北部，形成了反抗阿拉伯人的另一个中心——阿拉贡王国，该王国的正式形成是在公元 1137 年，由当地几个抵抗中心合并而成。伊比利亚半岛的西南部则形成了葡萄牙王国。它先是依附于卡斯蒂利亚，公元 1143 年后成为独立的王国。

阿方索六世娶了勃艮第公爵罗伯特一世的女儿康斯坦丝，这是西班牙王室第一次迎娶半岛以外的强国公主，说明此时的卡斯蒂利亚王国已成为欧洲列强之一。

⊙ 阿方索六世

阿方索六世被称为“勇敢者”，他曾两次觊觎桑乔二世的地盘，但均未能成功。

◉ 费尔南多二世和伊莎贝拉一世

费尔南多二世和伊莎贝拉一世的结合，成功地创建了一个统一的西班牙王国。

公元 1469 年，阿拉贡的王子费尔南多二世与卡斯蒂利亚的女继承人伊莎贝拉一世结婚，这标志着两个国家正式合并，实现了西班牙的统一。不久之后，统一的西班牙开始与偏安一隅的阿拉伯人决战。公元 1492 年 1 月，格拉纳达的阿拉伯人投降并献出城池，收复失地运动至此结束。

◉ 柏柏尔人的穴居

柏柏尔人是生活在非洲西部和北部的古老民族。他们曾被古罗马人、腓尼基人等入侵。8 世纪以后也曾入侵过伊比利亚半岛。

柏柏尔人的房子十分奇特，家中的所有房间都没有门，远看就是一个接一个的洞口。大户人家会有 2 ~ 3 层洞穴，通过土砌的梯子和钉入墙壁的木桩来上下攀爬。直到如今依旧保持着穴居的习惯。

第二章
葡萄牙的建立

在收复失地运动中，伊比利亚半岛上有一个超新星冉冉升起，阿方索·恩里克斯带领葡萄牙艰难地独立了，经过一系列的领土扩张，疆域逐渐稳定下来，与现代葡萄牙基本吻合。阿拉伯人也逐渐被赶出伊比利亚半岛，这里的土地再次属于基督教的管控。战争过后，葡萄牙的经济逐渐恢复和发展，生产技术有所进步，贸易往来渐渐繁荣了起来。

葡萄牙建立的萌芽

莱昂王国阿方索六世的军队沿着大西洋岸向南推进，最终夺取了特茹河岸的里斯本、辛特拉、圣塔伦和波图卡莱地区。

亨利·恩里克获得了"葡萄牙伯爵"的称号

在阿方索六世的长期扩张中，很多外国势力垂涎于战利品和土地，纷纷投靠阿方索六世，为其效劳。勃艮第的亨利·恩里克就是这样一个有才能的勇士。阿方索六世很看重他，命他管理葡萄牙州（曾经的波图卡莱地区）。阿方索六世不但给他封地，还让私生女儿特雷莎和他结婚，并赐予他"葡萄牙伯爵"的称号。亨利有了一块自己管辖的土地，不久他设法吞并了南方邻州科英布拉，并且在攻打穆斯林和管理自己的领地方面都非常成功。他大约死于公元1112年，留下了寡妻特雷莎和一个不满三岁的孩子阿方索·恩里克斯。

◉ 阿方索·恩里克斯的雕像

阿方索·恩里克斯在资料中又叫阿方索一世，是独立的葡萄牙的第一任国王（1139—1185年在位）。

阿方索·恩里克斯占有了葡萄牙并继承了伯爵封号

阿方索·恩里克斯是在动荡不安的环境中长大的。在莱昂王国，他外祖父阿方索六世的子嗣互相争夺王位，把这个国家搞得四分五裂。南方的阿拉伯人趁机夺回了里斯本和特茹河上的其他地方。

阿方索·恩里克斯的母亲特雷莎，在亨利死后成为加利西亚的贵族费尔南多·佩雷斯的情人。当阿方索·恩里克斯逐渐长大后，母亲特雷莎想夺取阿方索·恩里克斯的继承权转给其情夫。但年轻的阿方索·恩里克斯在拥护者的支持下，于公元1128年反抗他的母亲和佩雷斯并获得成功，迫使她和佩雷斯离开葡萄牙。阿方索·恩里克斯无可争辩地占有了葡萄牙，继承了伯爵的封号，并宣布为这块领地的领主。此时他就有独立以摆脱和卡斯蒂利亚等基督教国家的臣属关系的想法。

葡萄牙王国的建立过程

葡萄牙的建立经历了漫长的岁月和很多磨难。但葡萄牙的建立更多的是一个过程，并没有一个明确的日期。在这个过程中，有几件大事起了至关重要的作用。

西班牙国王阿方索六世死后局势混乱

葡萄牙的建立与伊比利亚半岛上各个基督教王国的统治状况是密切相关的。莱昂王国国王阿方索六世把自己的权力扩大到了大半个西班牙。公元1087年，他使用的头衔是“西班牙国全权国王”，公元1091年用的头衔是“西班牙国王”。这两个庄严的头衔反映出他野心勃勃地想把伊比利亚半岛上纵横交错的国界抹去，在服从于一个国王权力的

◉ 阿方索七世的母亲乌拉卡女王

乌拉卡是阿方索六世和康斯坦丝的长女。从父亲那里继承了莱昂和卡斯蒂利亚王国，为了帮助她治理国家，父亲把她嫁给了阿拉贡的阿方索一世，但由于夫妻不和，致使国家陷入多年混乱之中。因遇人不淑而让自己的国家遭受战争，好在最后由儿子接棒，虽然母亲不太同意，但阿方索七世还是顺利登基。

基础上把伊比利亚半岛变成一个政治整体。也就是说伊比利亚半岛上只有一个国王，其他王室都是他的附属。但是公元1109年阿方索六世死后，反对莱昂王国的强大浪潮席卷各地。王位继承人乌拉卡女王不但要与阿拉贡的国王争夺西班牙的政治领导权，而且还需同坎波斯特拉的大主教争夺加利西亚的管辖权。

◉ **吉马良斯的橄榄树圣母教会教堂**

这个教堂在10世纪始建，内部采用的是拜占庭式风格，12世纪为哥特式，19世纪为新古典式，成为融合多种风格的建筑物。

杜罗河两岸较远的北方地区已经被莱昂王国控制了很久，逐渐被称为波图卡莱，即现代杜罗河口的波尔图。波图卡莱南部是科英布拉州，它是一个独立的管辖区。这两个地区都属于莱昂王国。当阿方索六世的领土推进到特茹河，他在这里建立了第三个州，由他的一个贵族手下管理。在中世纪欧洲的封建制条件下，分州管理是当时通用的封建式防御体制。每个州的统治者都可以直接应付敌人的侵略。这种管理方式在与阿拉伯人的对抗中很有必要，但是也后患无穷。随着地方代理人的实力逐渐增强，各地区会不可避免地要争取独立。这些葡萄牙行政区域基本上就如此形成了。

阿方索·恩里克斯的建国野心

公元1129年，阿方索·恩里克斯自称为葡萄牙亲王，这时他想建立葡萄牙王国的野心昭然若揭。公元1135年6月，阿方索六世的外孙，即统治过加利西亚的赖蒙多伯爵和乌拉卡女王的儿子在莱昂王国的主教堂举行极其隆重的加冕典礼，自封为“西班牙国王”，史称阿方索七世。凡隶属于他的其他王国的国王和伯爵全部出席了典礼仪式，唯独阿方索·恩里克斯拒绝参加，这一对抗举动是葡萄牙开始建立的最早和最有代表性的标志之一。此后的数年中，西班牙国王和葡萄牙亲王之间的战争连绵不断。

葡萄牙人在上米纽地区采取了军事行动，图伊成了这次分裂的焦点。公元1137年战争结束，恢复了和平（《图伊和约》），阿方索·恩里克斯答应对国王阿方索七世“忠诚、保障安全和协助他对付敌人”。

正式宣布称王

公元1139年，阿方索·恩里克斯正式宣布称王，葡萄牙成为独立王国。在此之前，他是以王子或亲王的身份出现的，但这只不过是王族身世的世袭。事实上，他确实是阿方索六世的外孙，他的母亲因为是国王的女儿，也多次署名“女王”。宣布称王是一种进展，但它本身并不意味着王国已经获得独立。

只承认罗马教廷及其大使的领导

公元1143年，在争取独立的政治斗争中发生了一件具有特殊意义的事情。

阿方索·恩里克斯和西班牙国王阿方索七世在萨莫拉会晤，双方达成和解，阿方索七世承认了阿方索·恩里克斯的国王地位。会晤一结束，阿方索·恩里克斯立即向罗马教皇英诺森二世寄去一份声明，庄严宣称：他和他的继承人将是罗马教廷的“纳贡者”，而且还声明只要教皇维护他的权利不受其他教会或者政治权力的侵犯，他将永远是“教皇和圣彼得的信徒和卫士”。

在这声明里，阿方索·恩里克斯还答应交纳四盎司黄金（约122克），后来增加到两个马克（约465克黄金）。

阿方索·恩里克斯并没有获得英诺森二世对他王位的承认，不过获得了罗马教廷的批准，为自己和他的国家争得了享有罗马自由法的特权。按照当时的法律规定，凡是享有罗马自由法特权的修道院、主教区或者王国，就不再受以前的地方政权和教会权力机构的管辖，从此以后，它只承认罗马教廷及其大使的领导，并向教廷交纳少量的贡税。

◉ 阿方索七世

阿方索七世一生都致力于把整个伊比利亚半岛统一成一个大帝国，但是最终未能成事，并且在他的统治期间，南方的穆斯林不断地攻击自己的国家，其死后，将原本统一的国家分成两份，将卡斯蒂利亚分给了桑乔三世，将莱昂给了费尔南多二世，两国再次分裂。

◉ 签订《萨莫拉条约》

公元1143年，卡斯蒂利亚国王阿方索七世在罗马教皇的见证下，在西班牙的萨莫拉大教堂签署这份条约。条约内容为承认阿方索·恩里克斯为葡萄牙国王，并认同葡萄牙王国的独立地位。此外，此条约约定卡斯蒂利亚及葡萄牙双方享有持久的和平。

公元1128年阿方索·恩里克斯的起义、1137年《图伊和约》、1143年的萨莫拉会议和宣誓听命于教皇、1157年阿方索七世逝世后皇帝封号的废除、1179年教皇的圣谕和教廷对新的君主制度的承认，经历了这些过程，葡萄牙获得了教廷官方承认，终于彻底地、完全地建立了。

罗马教皇正式承认阿方索·恩里克斯的王位

葡萄牙建立过程中的最后一件事，是罗马教皇亚历山大三世对阿方索·恩里克斯王位的正式承认。

公元1179年，罗马教廷的外交官员巧妙地避免称阿方索·恩里克斯为国王。后来阿方索·恩里克斯拿出1000枚金币换得了罗马教廷的让步。教皇亚历山大三世的圣谕和罗马教廷对葡萄牙新的君主制度的认可，获得了罗马教廷官方承认，葡萄牙终于彻底、完全地建立了。

此时的罗马教廷称不称阿方索·恩里克斯为国王，对于巩固葡萄牙的建立其实并没有多大意义，因为建立已是既成的事实。西班牙已经不存在“国王”，按照封建意识企图把伊比利亚半岛变成一个统一体的势力已经大势已去，再也阻挡不住分裂的趋向。

葡萄牙的领土扩张

阿方索·恩里克斯宣布称王的时候，葡萄牙的边界只是从科英布拉稍南一点的地方起，穿过洛乌萨山，一直延伸到下贝拉平原，这里既非摩尔人占领区也非基督教占领区。

阿方索·恩里克斯称王后，通过南征阿拉伯人占领的土地，清楚地画出了未来的葡萄牙的轮廓。

鼓动十字军攻克里斯本

阿方索·恩里克斯的南征大军开始向特茹

里斯本又名白光之城。关于它的来历，有一个充满葡萄牙自负精神的神话版本：当年，奥德修斯在漫游时发掘建造了这座城市，因此它历史悠久，光环萦绕。

里斯本最早于公元前 205 年起被罗马统治，恺撒将它命名为“Felicitas Julia”（意为“祝贺恺撒”）。直至公元 1256 年里斯本才正式成为葡萄牙王国的首都。它也是葡萄牙最大的都市，又被澳门人习惯性地简称为“葡京”。

◉ 承认葡萄牙独立的教皇亚历山大三世

亚历山大三世是罗马教廷第 170 位教皇（1159—1181 年），因历史遗留问题曾有过一段时间的流亡生涯，之后由于《威尼斯和约》而得以回归。

◉ 特茹河一塔霍河

特茹河一塔霍河流经葡萄牙和西班牙两国，如今经过西班牙和葡萄牙两国政府多年的共同努力，该流域的水电资源已得到比较充分的开发和利用。

里斯本位于伊比利亚半岛的特茹河河口，靠近大西洋，在16世纪大航海时代，里斯本成为欧洲兴起的大港口之一。

阿连特茹位于葡萄牙南部，是葡萄牙7个大区之一。

河以南进发，因为里斯本和其他良港都在那里。阿方索·恩里克斯决心把它永久占为己有。

包围一个城市必须要有一支庞大的军队，然而葡萄牙无力组织一支足够强大的军事力量来实施拓展疆土的计划，不过阿方索·恩里克斯非常幸运，他得到了英国、法国、德国和弗朗德勒的十字军大军的援助。当时十字军正向圣地耶路撒冷前进，准备进行第二次十字军东征。他们途经葡萄牙时，阿方索·恩里克斯说服了十字军，帮助他把里斯本从阿拉伯人手里抢过来。他说服十字军的理由是这里的阿拉伯人是穆斯林，同样是圣战的对象，是双方共同的敌人，同时答应一旦攻占了这座城市，十字军可以进行抢劫，作为犒赏。

十字军在阿方索·恩里克斯的鼓动下，配合他对里斯本进行了长达3个月的血腥围攻。公元1147年10月里斯本被攻克，从此成为葡萄牙的一个城市。

◉ 教皇尤金三世下令发起第二次十字军东征

正在打仗的德国士兵－第二次十字军东征期间

第二次十字军东征（1147—1149年）在法国国王路易七世和神圣罗马帝国皇帝康拉德三世率领下发起。

肃清特茹河以北穆斯林反抗据点，侵入特茹河以南

十字军走后，阿方索·恩里克斯一面肃清特茹河以北穆斯林的一些据点，一面侵入特茹河以南一个叫作阿连特茹的地方。由于穆斯林和基督教徒之间世世代代进行战争，阿方索·恩里克斯的大片新领土已备受蹂躏，几乎人烟灭绝。阿方索·恩里克斯带来移民，使这些荒凉地带重新增殖人口并得到恢复。他建立城镇和修道院，鼓励农业生产和牲畜

在阿连特茹和阿尔加维地区，有一部分地方不是阿方索·恩里克斯直接占领的，而是由修道院的骑士团，尤其是圣地亚哥的骑士占领的。为了酬谢他们，阿方索·恩里克斯赠送了大批带有半封建性质的礼品，其中包括把占领的土地交给修道院管理。这样，修道院就成了地主，他们经营土地的方式是把大片土地租赁给农场主。这样做的结果就是阻碍了平民土地所有制的形成，为阿连特茹的大地主所有制提供了方便。

阿拉伯士兵的铠甲

◉ 救护骑士团前期会徽

救护骑士团又称医院骑士团，成立于公元1099年，成立之初的主要目的是照料伤患和朝圣者。

救护骑士团前期的会徽可能不会令人熟悉，但如今的会徽你肯定见过，就是如今医院的标记，没错，就是红色的十字。

◉ 圣殿骑士团前期会徽

圣殿骑士团是法国中世纪天主教的军事组织，其成员称为“圣殿骑士”，特征是白色长袍绘上红色十字。他们是十字军中最具战斗力的一群人。

饲养，还修筑道路桥梁。

劝说大宗教团体在葡萄牙建立分团

阿方索·恩里克斯脑子里从来没有忘记要征服更多的土地。他怀着这个目标，劝说大宗教团体，即圣殿骑士团和救护骑士团在葡萄牙建立分团。同时，他引进了卡拉特拉和圣地亚哥这两个西班牙地方骑士团。阿方索·恩里克斯通常会给这些宗教骑士团成员分配靠近穆斯林势力边境的领地和城堡，这些骑士团能给葡萄牙提供最可靠的边防，也是进攻时最好的突击队。

采用奇袭的战术

葡萄牙人在没有十字军的支援而孤军作战时，往往采用奇袭的战术。12 世纪末或 13 世纪初著作的书籍《圣·特奥托尼奥生平》一书中说阿方索·恩里克斯发明了一种奇袭作战战术。所谓奇袭不只意味着盗贼的那种偷袭，还意味着用少数人马进行突然的、出其不意的军事行动。这种战术别具一格，不同于其他国王的作战手法。这种战术的使用，是葡萄牙开国国王阿方索·恩里克斯具备卓越军事才能的体现。

持续一个多世纪的领土扩张

公元 1147 年，阿方索·恩里克斯占领了圣塔伦和里斯本后，又相继攻占辛特拉、阿尔马达和帕尔麦拉，完成了领土扩张的第一步。公元 1185 年，阿方索·恩里克斯逝世。公元 1187 年，桑乔一世（阿方索·恩里克斯的儿子，绰号“殖民者”，1185—1211年在位）占领了阿沃尔和锡尔维什。公元1217年，阿方索二世（桑乔一世的儿子，1211—1222年在位）占领了阿尔卡塞尔杜萨尔。阿方索二世死后，其子桑乔二世继位。

葡萄牙的王权交替变更着，但是这种扩张领土的进程没有停止，一直持续了一个多世纪。

扩张领土的战争进入了第二阶段

13世纪上半叶，葡萄牙扩张领土的战争进入了第二阶段。伊比利亚半岛上的伊斯兰国家内部出现矛盾，互相厮杀，这为葡萄牙向南推进创造了有利的条件。

葡萄牙在桑乔二世统治期间，由于大贵族阶级在政治上占优势，所以这个

◉ 法鲁灯塔

法鲁是葡萄牙东南端城镇，法鲁区首府。位于圣玛丽亚角附近，濒大西洋，是个悠闲度假的好去处。

◉ 圣塔伦教堂

圣塔伦位于特茹河沿岸，主产葡萄酒，在古代是著名的军事要塞。

⊙ 桑乔二世

桑乔二世（1209—1248年，1223年继位，是葡萄牙勃艮第王朝君主）又称主教桑乔二世，之所以有这么个绰号，据说是因为他小时候喜欢披着圣方济各会的修士袍子，扮成僧侣。

公元1185年阿方索·恩里克斯逝世时，他还没有把葡萄牙的疆域扩张到超过特茹河很远，但是他留下了一个坚强的小王国，它在结构上是军事化的，还有一个好战的贵族阶级和一个剽悍的农民阶级。尽管这个王国由于连续不断的战争而相当贫困，但它拥有资源，一旦和平到来，是能够初步地繁荣昌盛起来的。

时期的征讨战争格外频繁。公元1229年，葡萄牙占领了埃尔瓦什和茹洛麦尼亚；公元1232年占领了莫拉和塞尔帕；公元1234年占领了阿尔儒斯特雷尔；公元1240年占领了麦尔多拉和艾亚蒙特。

桑乔二世执政期间，葡萄牙第一次将边境线延伸到了海边的阿尔加维地区。

确定葡萄牙与西班牙两国的边界

葡萄牙对阿尔加维的占领引起了和卡斯蒂利亚的冲突，卡斯蒂利亚认为这个地区归它所有。当时为了换取卡斯蒂利亚国王的军事支援，桑乔二世曾同意过这种要求。

卡斯蒂利亚国王坚持自己的权利，因此与桑乔二世发生了一场战争（1252—1253年）。后来经过谈判，作为交换，葡萄牙放弃了阿拉塞纳地区，卡斯蒂利亚则放弃阿尔加维地区。两个国家于公元1267年在巴达霍斯签订条约，规定从卡伊亚河到大西洋，两国以瓜迪亚纳河为界。

当时的葡萄牙国土与今天的面积已十分相似，葡萄牙

⊙ 塞尔帕

塞尔帕是葡萄牙的一座城市，在行政区划上属阿连特茹区。

后来又提出了里巴果阿的问题（根据公元1297年签订的《阿尔卡尼条约》，萨布伽尔、卡什特洛罗德里格、阿梅达等地方归葡萄牙所有）。两国的边界就此划定。

葡萄牙社会阶级的概况

葡萄牙还是个年轻的国家，国家诞生之初，社会还不是太稳定，社会各阶级之间会产生矛盾和冲突。社会上被划分为五个阶级，分别是教士、贵族、平民、半农奴、奴隶。

教士

教士是教会的神职人员，社会地位很高，而且是为数不多的具备文化素养的基督教徒。前文讲到阿方索·恩里克斯建立葡萄牙的过程中受到过教会的支持，所以他成为国王后给教会捐赠了大量的财产。再加上基督徒们平日里的捐赠，教会拥有很多财富，教会人员也都很富裕。

教士是一个大门敞开的阶级，教会认为基督徒

◉ 埃尔瓦什防御工事

埃尔瓦什位于葡萄牙东边边境与西班牙接壤处，又被称为荒野中的精灵，埃尔瓦什的历史可以追溯到古罗马时期。

◉ 美丽的阿尔加维海边洞穴

阿尔加维位于葡萄牙东南部的海岸线，沿西班牙边界绵延160千米直至西部的圣文森特角，如今是葡萄牙的主要度假地，为西欧旅行者的梦幻度假地，堪称葡萄牙的“黄金名片”。

⊙ 中世纪贵族的宴会

都是上帝的子民，没有高低贵贱之分，所有有才能、有学识的基督徒都有机会成为教会的神职人员，进入教士阶级。

教会组织健全，有自己的权力，教会内部也有等级之分。教会传达神的旨意，所以权力来自上帝，即权力来自教徒们对上帝的信仰。教会认为自己代表上帝，应该拥有最高的权力，而国王们却并不认为政权要受到

教士是早期教会的（当时不分天主教与基督教），传道士是后期基督教会的。

⊙ 中世纪教士雕刻

中世纪早期的基督教士也和佛教徒一样行削发式，后来西欧那些信徒和农民也开始效仿剃短发或者光头，教士的光头失去了符号作用，于是教廷发明了花冠状的“圣彼得发式”（也叫“冠状发式”），成为一个鲜明的身份符号，这一符号在整个中世纪都沿用不废；与此相对，东部教会依旧保留了光头符号，被称为“圣保罗发式”。

教会的压制，所以双方爆发过几场大的政治斗争。

贵族

贵族是由出身决定未来的社会阶级，只有贵族的后代才有资格继承贵族的头衔。平民想要成为贵族的唯一途径是建功立业，得到国王的赐封。

贵族分为大贵族、贵族、骑士。大贵族拥有较多的土地，也称为富豪；普通贵族大都是出身名门望族但继承权有限；骑士出于贵族之家，但往往只拥有一匹马和自己的身躯，并不富裕。

贵族生来就拥有土地，所以都过着

◎ 欧洲贵族女士－油画

在古代，欧洲人普遍认为一个有身份的女士，在正式场合不戴帽子是十分失礼的行为。因为头发被看成女人的隐私部位，不戴帽子就等同于赤身裸体行走。越是华丽贵重的帽子，越能显示女性尊贵的身份和社会地位。

在中世纪时，贵族享受社会特权，比如在饮食上贵族（包括教士）以肉食为主，农民等下层民众以素食（非肉食）为主。虽有部分修道院秉持禁欲而放弃肉食，但大多数大主教、主教、修道院院长等高级教士同世俗贵族一样享用肉食。

◎ 中世纪骑士

骑士是欧洲的一个贵族阶级，并非普通的士兵。他们比起士兵有着更多的优良武器和装备，尤其是欧洲骑士基本上都是重骑兵，他们身上有着非常沉重但厚度也足以抵挡大多数攻击武器的盔甲。所以欧洲中世纪的战争中，骑士伤亡率极低。

古代西方人认为，女人把帽子放在床上夫妻会争吵；新郎在婚礼上弄掉新娘的帽子，则表示她在婚前私生活混乱；而女人抬手抚摸帽子上的饰物，表示生活便会越来越幸福；不可以把帽子放成底朝天的形状，不然一天都要倒霉；男人不可以随便碰女士头顶的帽子；女人也不可以戴男人的帽子，这表示异性之间赤裸裸的调情。

中世纪平民生活

欧洲中世纪平民的服饰极其简单，到了 13 世纪，贵族开始讲究穿着，还颁布了限制衣着费用的法规。平民的服饰多采用羊毛、亚麻、大麻、饲养或猎取的动物的毛皮，由平民家里的妇女自己纺织剪裁而制成。

不劳而获的生活。他们让奴隶干活，自己坐享其成。奴隶主要来自于战俘，后来奴隶越来越少，免费劳动力不足，贵族只能靠支付一定报酬雇佣平民来劳动。由于土地被贵族代代瓜分，越分越小，劳动力逐渐外逃到更自由、报酬更丰厚的地方，需要支付的报酬越来越高，贵族的经济实力也逐渐衰落。

贵族认为自己是土地的拥有者，在土地上耕种的平民应该尽可能地无偿劳动或者低报酬劳动，平民则认为自己辛勤劳动就应当获得报酬，而且贵族总是尽可能地剥削劳动者，贵族与平民之间的矛盾逐渐加深，两个阶级之间的斗争持续了几百年。

平民

平民的共性在于他们是自由人，需要通过劳动谋生。与贵族之间的区别就是贵族有土地，不需要劳动。平民可以自由选择劳动的地方，可以自由地和雇佣者商讨合理的酬金，和半农奴和奴隶不一样，后者更多的是廉价劳动力和免费劳动力。

由于国家还未完全稳定，所以平民也要随时准备去服兵役，为国家而战斗。由于收入水平的差异，平民也被分为骑士和步兵。富裕的平民需要饲养马匹、自备武器；贫穷的平民只能徒步应征。骑士本来是代表着贵族的词儿，现在也用来表示富裕的平民了。

半农奴

半农奴是收复失地运动中收复土地上的原住民的后代，只能在原来的土地上为新的领主耕种，几乎所有的劳动成果都被领主搜刮殆尽，受到极大的剥削。虽然半农奴不是奴隶，不可以进行买卖，但是半农奴拥有的自由极其有限，甚至和土地、牲畜、工具一样被视为领主的私人财产。

这个时期，平民男人的服饰做成长袖短外衣样式，是为了方便在劳动时可以自由活动，裤子则用一根腰带束紧；平民女人的服饰是简单的连衣裙，一般是长到脚踝，腰间束着一个可以用来装饰的腰带，男女内衣是一样的，即用细亚麻布缝制而成。

◉ 强迫奴隶干活的场景－刻板画

被奴役的奴隶们待遇很差，正常时会 1 天 2 顿饭，如果犯错或是生病，可能只有 1 顿饭，甚至有时会饿肚子，因为奴隶是用来创造财富的，而不是用来饲养的。

好在半农奴的地位处于迅速上升的演变过程中，有的半农奴离开了祖居去开辟荒地、安家落户，从此成了自由的平民。有的半农奴带着工具给人做工，接受雇佣拿报酬。贵族反对自己的廉价劳动力逐渐外逃，但是历届国王们都支持半农奴的行为，并立法保障他们的自由。

公元 5—15 世纪，这一时期被称为欧洲的黑暗时代，因为这段时期，教会成为控制人们的主体，整个欧洲除了高层的传教士能认字外，甚至有些君主都是文盲，可以说是全民无知。

奴隶

值得一提的是，贩卖奴隶古而有之，远古的罗马时代不说，早在公元9—10世纪，阿拉伯人就在非洲北部开始了这一罪恶勾当，不过有组织的大规模长途贩运，始作俑者就是大航海时代的葡萄牙人。

奴隶是完全没有自由的人，被终身强制性劳动并且没有报酬。奴隶的主要来源是战争中俘虏的阿拉伯士兵。随着半农奴逐渐外逃，雇佣自由人的成本又太高，导致为领主耕种土地的劳动力不足，于是基督教徒们扫荡阿拉伯人的居住地，将抓获的阿拉伯平民贬为奴隶。为了防止奴隶逃跑，奴隶们被戴上铁链或者绑在一起耕种土地。奴隶平日里吃的都是糟糠之食，有时还吃了上顿没下顿；住的是简陋之室，甚至不能很好地遮风、避雨、御寒，生活得十分不好。

葡萄牙的农业、手工业生产及商业贸易

公元1543年，葡萄牙商人和耶稣会信徒进入日本后，开始收购日本人作为奴隶，卖到世界各地，包括葡萄牙。

葡萄牙建国初期，农业生产主要围绕制作面包和酿制葡萄酒而开展，手工业活动则主要是制造铁制农用工具和陶瓷。

◎ 非洲西海岸的贩奴船

公元1441年，葡萄牙派出的船队在非洲海岸抓到了10名黑人，并将他们贩卖为奴，从此葡萄牙殖民者开启了依靠奴隶贸易聚集财富的事业。

特茹河以北的人以纯玉米面的面包为主食

众所周知，面包的主要成分是小麦面粉。盛产小麦的地方，人们总是可以吃纯小麦面粉制作的面包。但在当时，小麦的产量无法满足全体葡萄牙人消费的需要，所以很多地方的面包里会掺入黑麦、大麦，有了玉米后又开始掺入玉米。特茹河以北的人则选择纯玉米面的面包为主食。

◎ 葡萄牙甜面包

葡萄牙甜面包是当地特有的美食，随着人种迁徙，如今的夏威夷和新英格兰等地也以它为食。

葡萄种植得到了广泛的推广

伊比利亚半岛人在 12 世纪的农业生产中必不可少的还有种植葡萄。收复失地运动结束后，葡萄种植在伊比利亚半岛得到了广泛的推广。从一开始，葡萄酿造的葡萄酒便与贸易紧密地联系在了一起。尽管之前的阿拉伯人由于信仰伊斯兰教不允许饮酒，但是也进行了一定数量的葡萄种植，原因或许是领土内大量的基督教徒是可以自由畅饮葡萄酒的。

◎ 葡萄牙的葡萄酒海报

在葡萄牙常说的一句话就是葡萄牙的水比酒还贵。不仅说明了这里雨水少，也说明这是盛产葡萄酒的地方。葡萄牙最有代表性的葡萄酒就是波尔图红酒。波尔图的名字“porto”来自罗马时代，是港口的意思，然后嵌入了葡萄牙的国名“Portugal”之中，由此可见，波尔图之于葡萄牙的重要地位。

◉ 手拿农具的葡萄牙农民

中世纪的农民一年四季都在干活，耕田、种豆子、放羊、牧牛，农夫不停地劳作，但是依然吃不饱、穿不暖，这并非农民不努力，而是因为当时的生产力水平太低了。

葡萄牙的农业不仅在中世纪迅速发展，而且如今农产品、纺织、制鞋、酿酒、旅游等仍然是葡萄牙国民经济的支柱产业。

狩猎、捕鱼、织麻

狩猎、捕鱼及其他的一些家庭副业和手工业作为农业生产的补充，保障了当地人民生活的需要，使整个生产状况更加的完备、齐全。

织麻是葡萄牙人的主要家庭副业，基本是专属妇女的工作。家庭纺织业包括纺织绵羊毛、制作羊毛粗布和粗绒布。这些布料制品纹理粗糙，和进口的细腻松软的羊毛制品相形见绌。

拿小麦来说，如今小麦的亩产量大都几百斤或近千斤。中国古代算是农业技术非常先进的，极其重视水利设施，产量也就 200 多斤，而中世纪欧洲农民大都不懂得怎么种田，而且水利设施不被重视，亩产量只有百斤以下，所以中世纪的农民必须种很多的田，才能用农作物养活自己。

◉ 中世纪替贵族打猎的农民

◉ 葡萄牙的“青花瓷”

瓷砖画是葡萄牙的重要艺术形式，同样的建筑因为瓷砖画而有了不同的生命力。流畅斑斓的瓷砖画让原本平淡的生活瞬间生动。葡萄牙人喜欢以海蓝为主调，拼成各种不同的图案，充斥着如今的大街小巷。

葡萄牙素有“瓷砖之国”之称，公元 8 世纪，阿拉伯人占领伊比利亚半岛后，将瓷砖艺术带到了葡萄牙，这些精美绝伦的彩绘瓷砖后来成了葡萄牙最具代表性的文化象征之一。

铁匠业的繁荣

从罗马时代兴起的冶金业和炼铜业已经消失，但炼铁业一直持续至今，原因是耕田种地需要铁制农具。当时铁匠的主要产品就是犁铧和马掌。

葡萄牙在 13 世纪的一种风俗习惯反映出冶铁、制铁的重要性：村庄上的铁匠只要提前打好 15 个犁铧摆在铺里，镇上的铁匠只要提前打好 30 个犁铧摆在铺里，他们就可以免服市政机关规定的某些最繁重的劳役。

有个别手艺精湛的铁匠，或者在较大村庄里干活的铁匠，还会锻造一些武器。当时把锻打刀剑的冶炼工人称为铸剑匠人。

陶瓷业还不够精细

陶瓷业的情况和冶铁业相似，技术相对落后，产品相对粗糙。当时精美的陶瓷制品大都是阿拉伯人所制，其中的一些珍品至今仍陈列在西班牙的博物馆里。葡萄牙人只能烧制一些粗糙简陋的锅碗瓢盆之类的生活用品，没有花纹图案，有时甚至不上釉。

◉ 葡萄牙制造的卡拉维尔帆船 – 来自中世纪海图

◉ 中世纪冶金术

◉ 欧洲地理学启蒙大师 – 托勒密

国王颁布法律保护商贩

流动的商贩促进了内地的贸易往来，他们把货物装在马背上走街串巷，用马驮和驴驮两种方式运送商品和货物。这些流动商贩赶着马或驴跑遍各个农村，从农民手里收购各种农产品，然后运到各地出售。当时的集市贸易并不算发达，集市非常之少，一直到 13 世纪，葡萄牙的交易市场才大量增加。集市上的产品琳琅满目，应有尽有。国王颁布法律规定，凡在集市上侵犯商贩利益者，严惩不贷。所以商贩们可以放心大胆地做买卖，而且葡萄牙的海上出口贸易也逐渐发展壮大，但是海盗经常抢掠商人的船队，有时还会洗劫沿海的城镇。

第三章
和平与动荡交织

葡萄牙王国在13—14世纪可谓时运不济、命途多舛，先后经历了两次内战，还爆发了黑死病和农民起义，又在费尔南多时期国家陷入危机，后来王后摄政导致了宫廷政变。这一系列的事件使得葡萄牙王国陷入动乱不安中，一定程度上影响了人民的生活。直到若奥一世夺得王位，葡萄牙才再次进入快速发展时期，随着造船和航海技术的进步，葡萄牙的海上贸易快速发展，资产阶级逐渐登上历史舞台。

葡萄牙第一次内战

公元1211年，葡萄牙国王桑乔一世去世，阿方索二世继位。阿方索二世在位12年（1211—1222年），自始至终都在反对特权阶级，期间不可避免地会产生摩擦、斗争甚至内战。

阿方索二世与特权阶级的斗争分为三个方面：一是公元1211—1216年的内战；二是同教会上层的冲突；三是颁布了一部法律以限制贵族和教会。

阿方索二世与公主们爆发了冲突

桑乔一世的一份遗嘱内容表示，留给了公主们一大笔财产和两座建有城堡的小乡镇。公主们认为她们继承了这些土地，便享有土地上的一切权利，包括在这里行使国家主权，也就是独立。阿方索二世不允许国家分裂，于是国王与公主们之间爆发了冲突。

大部分贵族选择支持公主们，莱昂国王也派出军队支援葡萄牙叛乱的公主们和贵族。叛军打败了阿方索二世的军队，贵族们占领了科英布拉（起着首都作用的城市）。阿方索二世逃到了吉马良斯。国家陷入内战，后来各城市民兵部队也不再支持阿方索二世，阿方索二世陷入极其困难的处境。

◉ 阿方索二世

阿方索二世一生都致力于与占据葡萄牙土地的摩尔人做斗争。

⊙ 教皇英诺森三世（右）

阿方索二世的绰号是“胖子”，他是桑乔一世的次子、阿方索一世（征服者）之孙，他的母亲为阿拉贡公主杜尔切·德·巴塞罗那。其一生都致力于与摩尔人的斗争（即收复失地运动），曾因挪用葡萄牙教会的财产而被教皇英诺森三世处以绝罚。

教皇介入并提供解决方案

后来教皇英诺森三世介入这场冲突，提供了一个偏袒阿方索二世的解决方案。这个解决方案的具体内容是：阿方索二世拿出一笔巨款给公主们，以补偿在她们的领土上进行战争所造成的损失；叛乱的两个城堡由教皇的圣殿骑士团驻守；公主们必须承认只有国王才有权在她们继承的土地上行使国王权力，国王则保证公主们得到她们土地上的一切收益。

⊙ 教会改革前停放葡萄牙国王灵柩的科英布拉圣克鲁兹修道院

阿方索二世与教会的冲突

在教皇英诺森三世的介入下，葡萄牙第一次内战结束，但阿方索二世同教会的矛盾随后达到了非常尖锐的程度，双方甚至使用了武力。阿方索二世与教会的对抗实际上是王权与神权的对抗，阿方索二世认为宗教应该服从政府以达到王权最大化，而教会认为自己是代表上帝行使权力，神权高于王权。

取缔教会和贵族特权

阿方索二世逐步限制教会享受的豁免权：教会人员必须服从王法，居住在属于修道院和教堂土地上的居民，也应在王室的建筑工地上服劳役，取缔教会的捐赠和其他牟取财富的手段。在摊派捐税问题上，阿方索二世与教会暗中产生了摩擦。所谓摊派捐税，就是国王每到一个村庄，那里的人民必须交纳的供养国王及其王室的那部分粮食。而教会有赋税豁免权，所以生活在教会统治区的人们只需要向教会捐赠，不用缴税。其背后反映出这里的最高统治者是教会而不是国王。取缔教会和贵族特权的实际意义是，即便是那些享有赋税豁免权的教会或贵族领地也不能例外。

阿方索二世被大主教革除出教门

布拉加的大主教竭力主张凡是大主教管区的土地不该向国王交纳捐税。后来矛盾进一步激化，阿方索二世被大主教革除出教门，阿方索二世则命令科英布拉和吉马良斯两个市镇的民军大举进犯大主教管辖的土地，砸毁了粮仓，踏平了葡萄园和良田。这时一支贵族军队在教皇的授意下，从北部边界进来，捣毁了阿方索二世的农田。阿方索二世与教廷的冲突愈演愈烈，一直得不到解决，直到公元1222年阿方索二世去世时，这场争端尚在继续。因此，阿方索二世的遗体不能按照基督教的仪式进行安葬。

◉ 埋葬阿方索二世的阿尔科巴萨修道院

◉ 布拉加的教堂

布拉加是葡萄牙北部的一个城市，相传约公元前296年为迦太基人所建，是伊比利亚西北部的基督教中心。

◉ 科英布拉大学门前的马赛克

科英布拉位于蒙德古河北岸的丘陵地上，在公元 1139—1260 年曾是葡萄牙的首都，后被里斯本取代。

对抗教会和贵族的法律措施

阿方索二世通过一系列的法律措施，对抗教会和贵族，以反对贵族和教会的封建主义倾向。

《财产转让法》：（以后几代王朝继续沿用的一系列法律中的第一部）禁止教会购置不动产。

《调查法》：就是由王室官吏组成的委员会在各地进行调查的权力规定。调查的目的是弄清这些地产的法律地位，和土地的主人享受赋税豁免权和其他特权的依据。

《确认法》：就是承认以前历代王朝的捐赠和授予的各种特权。这些特权或者由现任的国王予以确认，或者经过验证有关的证明文件之后给予确认。

阿方索二世是第一个采用这些行政措施的葡萄牙国王，但收效并不明显，在后来的继任者执政时，这些措施才真正发挥其作用，成为保卫王权和制止特权阶级胡作非为、滥施淫威的有效工具。

议会的诞生

阿方索二世登上葡萄牙国王宝座后，立即在科英布拉召开修道院院长、豪绅和其他贵族的联席会议。这是葡萄牙第一个有文字资料记载的会议，所以习惯地把它看成是葡萄牙的第一次议会。但是议会的传统还是来自西哥特人的君主制。

从 10 世纪开始，在莱昂王国就有关于议会的记载，即王室会议，出席会议的是担任王室官职的男爵、大贵族、土地掌管、修道院院长和王室成员，这些人多次共同签署法律文件。这说明从第一代王朝开始，这类会议就已经存在。

◉ 莱昂王国的国徽

历史学家把葡萄牙在公元 1211 年召开的科英布拉议会，同一系列葡萄牙最古老的法律联系了起来。这些法律的宗旨是保护国王的财产、禁止王室官吏横行霸道和保障个人的人身自由。

例如，禁止富豪像以前那样用低于实际的价格购置粮食；允许自由民按照自己的意愿选择主人；禁止骑士任意霸占平民的财富。

这些规定的意图十分清楚，就是为贫苦人民考虑，要保护人民大众不受权贵的欺凌。

无政府主义使国家陷入混乱

阿方索二世为反对封建割据势力进行了一系列的改革。公元1222年，阿方索二世去世，桑乔二世继承王位。在这之后，领主们开始反对阿方索二世生前颁布的政令。因为新国王桑乔二世年幼，男爵包揽大权，随便发号施令。政治上的无政府主义，不遵循成文的法律，王室的掌玺部缺乏登记制度，不再执行《确认法》和《调查法》以及连绵不断的个人战争等都严重地伤害了葡萄牙王国。

桑乔二世被剥夺国王头衔，阿方索三世成为新国王

桑乔二世执政期间，只在公元1229年在科英布拉召开过一次议会，这还是因为教皇的大使来到葡萄牙，想平息葡萄牙内战和恢复社会秩序。由于这位大使的极力劝解，桑乔二世才批准了部分地方行政法规。

几名主教联合对现状不满的贵族和各市、镇的人民代表，联名上报罗马教廷，说葡萄牙国内政治经济混乱不堪，到处搞无政府主义和暴力。

公元1245年，教皇英诺森四世听说了葡萄牙的状况后，下令剥夺桑乔二世的葡萄牙国王头衔，交给了他的弟弟、在法国生活多年的博洛尼亚伯爵唐·阿方索，即阿方索三世。阿方索三世当着几位葡萄牙主教的面，签署了一个条约，答应不仅尊重教会的赋税豁免

⊙ 教皇英诺森四世

罗马教廷发行的硬币

权，而且还许诺保留各居民区、市镇、骑士和人民的优良习俗，以及他们的祖父及曾祖父所拥有的、成文的或者不成文的租约。

阿方索三世击败桑乔二世

阿方索三世受到葡萄牙平民的欢迎，听闻博洛尼亚伯爵（阿方索三世）返回葡萄牙，人人兴高采烈。他们期望这位伯爵能够把压在人们头上的沉重负担彻底解除，所以许多乡镇和地方的平民都衷心拥护这位伯爵，而国王桑乔二世遭到平民的唾弃。

桑乔二世不听从教皇的决定，准备武力反抗。战争打了两年，不少贵族支持桑乔二世，但是乡镇的平民站在阿方索三世一边，他们占领了许多城堡，赶跑了忠于桑乔二世的统帅。

阿方索三世的胜利意味着恢复了国王与平民阶层的联合，确定了团结一致共同反对特权阶级日益增长的势力的政治路线。

手执权杖的阿方索三世－雕像

阿方索三世的改革

13 世纪上半叶桑乔二世统治时期的葡萄牙战事连绵不断，社会动荡不安，贵族横行霸道，平民叫苦连天。13 世纪下半叶阿方索三世统治时期则截然不同，通过各种改革，使得贵族和平民之间的信任得到了提高，葡萄牙社会和政治安定，人民安居乐业，文化、贸易逐渐发展。

公元 1258 年，葡萄牙全国上下普遍实施了《调查法》。调查的结果为大规模地改组政府机构提供了基础，刹住了贵族欺诈剥削平民百姓的风气，各个城市的权利进一步得到了保障。据公元 1419 年葡萄牙的《编年史》中记载：

"国王整顿了国家事务，整个国家秩序井然，一派安宁。桑乔二世统治时期荒废的农田如今已经焕然一新，开始重新种植农作物。"

公元 1279 年，阿方索三世逝世，但是他的政治路线在他的继承人迪尼什一世统治的前半时期并未改变。迪尼什一世登上王位后，首先遇到的就是与他争夺王位的弟弟为首的部分贵族的反对。幸好国王有足够的力量，在公元 1281 年、1287 年和 1299 年分别进行了三次镇压叛乱行动，镇压了不安分的贵族，这些反叛的贵族完全没有得到人民的支持，相反，人民坚定地维护国王的统治，反对叛乱、反对战争。

⊙ 迪尼什一世

迪尼什一世的绰号是农夫，有的书上也翻译为耕耘者，是说这位掌舵人非常勤劳的意思。他继位后继续推行父亲休养生息的政策，大力发展农业。在他任内，大片的荒地被开垦，新的作物被推广，新的技术被采用；他甚至鼓励贵族和修道院也投身到自己领地上的农业发展事业中去。全国的生产达到了前所未有的繁荣。

葡萄牙第二次内战

葡萄牙在国王迪尼什一世的带领下，似乎朝着理想的方向发展，但是自从迪尼什一世有了私生子后，他就不再致力于维护葡萄牙的秩序和安宁了，在迪尼什一世统治的后半时期，政治上发生了变化。他改变了阿方索三世确定的政治方针，如停止召开议会，国王给贵族大量的馈赠，还有在公元 1295—1297 年同卡斯蒂利亚发生战争等。迪尼什一世一系列的失误措施，导致贵族的力量逐渐增强，人民的生活水平增长乏力，国家产生了一些隐患。

随着时间的推移，贵族的力量开始膨胀。尽管迪尼什一世竭力制止，但是大贵族们还是篡夺了国王的一些特权，如封授"骑士"称号和进行终审判决。

公元 1293 年，迪尼什一世正式确认了海上贸易基金会的成立。该组织设在波尔图，基金来自海上贸易，按所得利润的百分比提成；基金的主要用途是补偿商人的船只在海上贸易的过程中由于遭遇海盗、风暴或触礁等原因造成的损失（所以把这个基金会看成是一个保险公司也不为过）。

为了鼓励海洋贸易，迪尼什一世从国外招募人才，指导本国人民学习航海技术。由此热那亚人开始在葡萄牙出现并定居，他们丰富的航海经验对葡萄牙产生了深远影响。热那亚籍的埃曼纽尔·佩萨格诺成为葡萄牙的第一位海军指挥官。

◉ 葡萄牙第一所大学——科英布拉大学

迪尼什一世执政期间，他继承父亲的志愿继续限制教会的司法权。为了打破教会学校的知识垄断，他在里斯本设立了大学。“大学”（universiade）一词来自拉丁文universitas，意为综合和全面。当初设立这种教学机构主要是为了区别于专门为教士开办的修道院的学校，好让俗人和教士一样能接受教育。最早被罗马教廷承认的大学是巴黎大学（1215 年）。所以 1288—1290 年成立的里斯本大学可以说是欧洲最早一批成立的大学之一。由于一些原因，这所大学并没有形成一定的规模，于是在 1537 年迁移校址到了科英布拉，成为如今科英布拉大学的前身。

阿方索王子叛乱

公元 1320—1324 年，阿方索王子（未来的阿方索四世）认为，国王迪尼什一世非常疼爱的私生子阿方索·桑舍斯对他继承王位产生了威胁，因而举兵叛乱。这场斗争远远超出了家庭问题的范围。当时国家分为两大派，叛乱的阿方索王子得到了各地乡镇势力的支持。阿方索王子的掌玺大臣能言善辩、口若悬河，不仅招引来许多乡镇的人民前来支持，而且联合了无数的贵族。参加叛乱的人指责国王迪尼什一世偏爱阿方索·桑舍斯，而且由于国王的不作为，阶级矛盾加深，国内贵族和平民之间已经无法和睦相处。

迪尼什一世对葡萄牙语的发展有很大影响。他曾下令凡是官方文件一律用葡萄牙语书写，以代替以往通用的拉丁语。这种政策促进了葡萄牙语的使用和完善。迪尼什一世本人对文学颇感兴趣，葡萄牙有很多早期诗歌可能是他创作的。

◉ 阿方索四世

阿方索四世的诨名叫勇敢者，是一个喜欢打仗的马上国王。年轻时由于王位问题，就敢跟他爹打仗，到了中年，又因为儿女婚事的问题与卡斯蒂利亚打了一仗，而这位国王只要打仗就会冲在最前列，“勇敢者”的绰号也因此而来。

⊙ 加那利群岛

在阿方索四世统治时代，葡萄牙水手发现了加那利群岛。后来的几个世纪中，加那利群岛的主权在葡萄牙和卡斯蒂利亚之间数度易手，最终由于葡萄牙国势渐衰而使得该群岛成了西班牙版图的组成部分。

战乱平息，阿方索王子获胜

依靠人民的力量，阿方索王子占领了莱里亚、科英布拉、蒙特摩尔奥维里奥、费拉、加亚和波尔图等地。

当阿方索王子来到吉马良斯的时候，居民答应把该镇交给阿方索王子，但是离吉马良斯不远的贵族忠于国王，率领一批骑士反抗阿方索王子。镇内居民对贵族的行为咬牙切齿，迪尼什一

⊙ 硬币上的阿方索四世

罗曼式是一种宗教建筑风格，时间为公元1000—1250年（哥特式出现前）。罗曼式建筑在继承了罗马建筑的拱券技术和古典柱式之外，还沿袭了早期教堂拉丁十字式的平面结构。

⊙ 莱里亚的罗曼式圣彼得教堂

莱里亚位于葡萄牙中部，临利什河，距科英布拉约 72 千米，距里斯本约 135 千米。莱里亚城堡以及古城墙不仅是莱里亚悠久历史的见证，被列为葡萄牙国家名胜古迹，还是当地重要文化活动地。建造于 12 世纪的罗曼式圣彼得教堂是该市最古老的教堂。

世也出兵帮助贵族对抗吉马良斯民众和阿方索王子。

在后来的战役中，阿方索王子向里斯本挺进，迪尼什一世率葡萄牙大军与该城的贵族军队迎战阿方索王子。战斗过程中，阿方索王子明显不敌，但是迪尼什一世的军队内出现了哗变，投奔了阿方索王子。经过双方血战，迪尼什一世只能做出让步，与阿方索王子和谈。

为了尽快平息战乱，迪尼什一世也做出了让步：将保卫吉马良斯镇有功的贵族解职；同时，将阿方索·桑舍斯驱逐出国，没收他的财产；确认阿方索王子的王位继承权。双方就此达成了和平协议，互相原谅了以前的对抗和摩擦。

阿方索四世巩固自己的王权

阿方索·桑舍斯和很多跟随他的贵族逃到了卡斯蒂利亚，后来曾多次发动战争企图夺得王位。但是由于得不到国内人民的支持，所以这些战争只不过是边境上的一些骚扰而已。期间，迪尼什一世的另一个私生子被指控与叛乱分子有勾结行为，审判后被斩首。

判决书是这样说的："国王的存在，是为了给每个人以平等的权利。根据这种权利，人民便享有生活、恩惠和福利。背叛国王就是最严重的犯罪，既是反对上帝，也是反对在世界上代表上帝的国王，也是反对热爱国王生命、利益、荣誉和身体的人民，因为国王就是人民的性命、人民的利益和荣誉。"

人民的力量是无穷的，得民心者得天下。公元1325年，迪尼什一世去世，葬在圣塔伦新建起来的奥蒂维拉斯修道院内，阿方索王子继位，称为阿方索四世。

阿方索四世登基后便确定了施政方针，召开议会，制止贵族弄权肆虐平民，取消了迪尼什一世时期后20年封授的教会属地和贵族属地。

迪尼什一世统治后期失去了民心，但是王后伊莎贝尔却一直受到人民的爱戴。这位来自阿拉贡王国的公主一直乐善好施、体察民情，经常到各地向穷人布施。人们后来给她名字前面加了个"Santa"，变成了"圣·伊莎贝尔王后"。公元1625年，教皇乌尔班八世正式将伊莎贝尔封为了圣人。

保证了司法公正，坚定维护平民的利益不受侵害

这时葡萄牙王室中越来越多的人赞成罗马法律中的"中央集权精神"，他们的影响表现在一部旨在改善司法体制的立法著作里，这部立法著作逐渐集中了司法权力，即由国王任命法官的制度。国王任命的法官逐步取代了各乡镇居民选举产生的法官。

阿方索王朝末期编写的《法官守则》一书指出，实行外来法官制是为了把建立

社会秩序作为国家的职责；禁止权贵干涉司法活动，违者严惩不贷；严禁贵族为报私仇进行格斗厮杀，违者将被处以极刑。

原来的选举制度看似公平，实则暗箱操作，法官都是被贵族扶持上去的，所以司法解释权被控制在贵族手里。国王将司法掌握在政府手中，保证了司法公正，不偏袒贵族，坚定维护平民的利益不受侵害。

阿方索四世非常关注贵族和平民之间的平等相待，以求建立和睦的社会气氛，缓解阶级矛盾。在公元 1352 年召开的里斯本议会之后，所通过的决议里规定（这次议会是为了解决公元 1348 年黑死病造成的农村劳动力不足而召开），要遵守以前有关学徒工义务劳动的条文。但是在人民中又提倡学徒和师傅平等，以便促使穷人和富人之间的平等。

◉ 吉马良斯的地标性建筑——阿方索·恩里克斯雕像

吉马良斯是葡萄牙北部一座历史悠久的古城，在中世纪葡萄牙王国独立之时成为王室的居所，被称为“葡萄牙的摇篮”。城镇内保存着精美的宗教建筑和宏伟的城堡，它们共同见证着葡萄牙一段重要的历史。

黑死病加重劳动力短缺

记录黑死病的两份材料

公元 1348 年，整个欧洲遭到一场可怕的瘟疫袭

◉ 黑死病发病时的情况

黑死病其实就是鼠疫，发病时全身会长满疱疹，是由一种被称为鼠疫杆菌的细菌所造成的。这些细菌寄生于跳蚤上并借由黑鼠等动物来传播。14 世纪的欧洲人对鼠疫这种烈性传染病毫无招架之力。

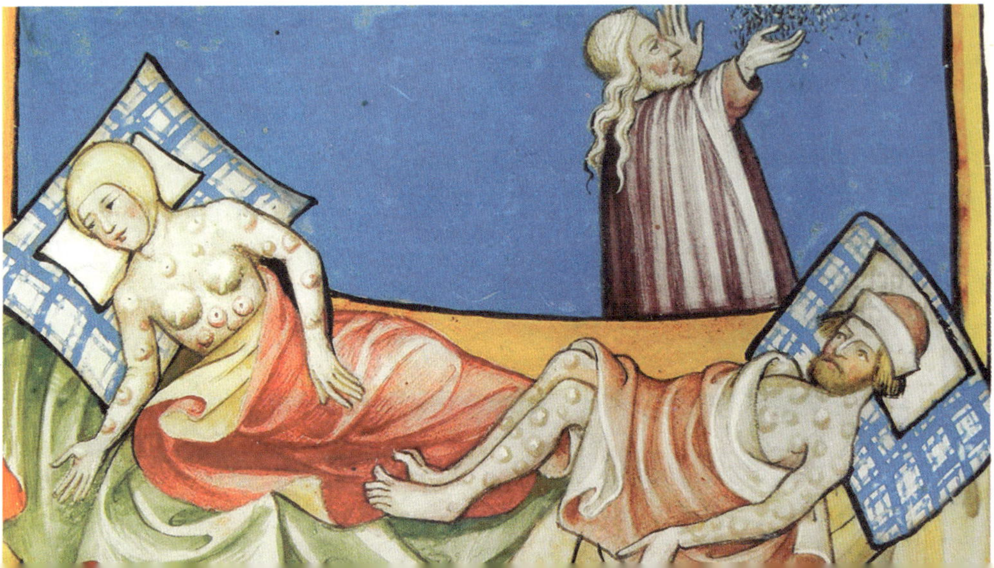

◉ 中世纪黑死病造成的惨象

面对黑死病，威尼斯人曾最先想出了当时最为聪明的一项隔离措施：不准有疫情船只的船员登陆，船员须在船上隔离 40 天。措施不可谓不严，然而当时谁会想到老鼠是罪魁祸首呢？水手不准上岸，船上的老鼠却畅行无阻地爬上了威尼斯的土地！

黑死病的瘟疫起源于中亚，公元 1347 年蒙古军攻打黑海港口城市卡法（现乌克兰城市费奥多西亚），将瘟疫传入，之后由亚欧商人传到欧洲。首先从意大利蔓延到西欧，而后北欧、波罗的海地区再到俄罗斯……

击，黑死病的侵袭夺走了无数人的生命。在一些地区甚至有一半人丧生。这场瘟疫是 14 世纪后半叶欧洲农村严重危机的根源，以致有人把它看成是欧洲中世纪和现代的分水岭。

葡萄牙关于黑死病蔓延的记载不多，有两份材料讲得比较详细。

圣米格尔一家修道院关于黑死病的记载：“9 月份开始，这场瘟疫在圣米格尔蔓延。如同在其他地区一样，造成大量的死亡。黑死病持续了三个月，死亡人数达二分之一。主要病症是腹股沟和腋下红肿。”

另外一份材料记载的是黑死病在科英布拉蔓延的情况。材料说在科英布拉有十分之一的人没有熬过来，也就是说，十分之一的人没有逃脱死神的魔爪。这场席卷整个欧洲的瘟疫引起了社会巨大恐慌，人人自危。

人民不再拥戴农场主

此外，社会劳动力开始大量地减少，减少的原因一部分是黑死病，但更多的是人民不拥戴农场主。

在公元1349年发表的《葡萄牙法律前言》中，对劳动力减少的问题是这样说的：“向法官、市政议员和农场主致敬。你们知道，在黑死病发生之前，这个镇上的男男女女都靠自己的辛勤劳动挣钱。人人都用自己的专长或者职业为这个乡镇做出了必要的贡献。现在由于一些人的死亡，一部分人得到了一些财产，便自以为了不起，不愿意继续从事以前的事业。因此，使本镇的居民蒙受到巨大的损失。另外还有一些人从前一直从事挖掘、修剪树木花草、耕种、收割、收摘葡萄、放牧牛、羊或者从事本镇需要的其他工作，但是现在如果不按照他们提出的要求支付工钱，他们就拒绝干这些活儿。由于他们的要价太高，葡萄园、农场、牧场等的主人认为将来的收益还不够支付这笔开支，于是便不再种植葡萄和经营农场了。”

◉ 黑死病时期欧洲的报纸

黑死病时期，当时的医生为了杜绝感染，身穿泡过醋的亚麻或帆布衫，头顶戴着黑帽，脸上戴上可过滤空气、状如鸟嘴般的面具，眼睛由透明的玻璃护着，手戴白手套，持一木棍，用来掀开病患的被单或衣物或指挥病人如何疗病，他们深深地相信这样的装备可以保护自己免于黑死病的感染。这副装扮多少有吓走病魔的用意，人称“鸟嘴大夫”。

国王立法强迫工人干活

为了解决劳动力外逃问题，阿方索四世颁布法令，要求农场主调查登记黑死病发生之前劳动者们的工作，现在是否有正当理由不再从事以前的工作。倘若理由不充分，农场主可以拿出自己认为是合理的工钱强迫他们继续干活。

这是葡萄牙第一次发布强迫劳动的法令。从此以后，关于劳动力短缺问题还颁布过一系列法律措施，但法律是无论如何也阻挡不住社会变革的洪流的。

劳动力问题在黑死病发生之前就已经存在，黑死病发生之后，葡萄牙失去了大量劳动力，劳动力供需矛盾更加尖锐化了。

黑死病在欧洲发病之西路：由一位从巴勒斯坦返回圣地亚哥的朝圣者带入伊比利亚半岛，在西班牙西南部为祸尤烈，仅在马洛卡就死了30 000多人。威名显赫的西班牙国王阿方索十一世也在战场上死于瘟疫。

黑死病在欧洲发病之西北路：经波尔多北上，进入法兰西北部平原区，弗兰德城邦人口为之下降了 1/5，就连此时刚刚被英格兰占领的加莱也包括在内。

在农村，自由民的劳动报酬形式可以分为三个阶段：福利劳动、工钱劳动和日结工资劳动。所谓福利劳动，就是为换取主人的福利而付出的劳动。主人给劳动者的福利包括给饭吃、给衣穿和给鞋穿。这三条义务后来逐渐固定下来，福利的形式变成了给几米布和两双鞋，或者其他物品。这就是货币经济之前的制度。13 世纪中叶，这种制度开始瓦解，国王颁布了一项规定价格的法律“工钱制”，实行混合报酬：一部分给实物，包括衣服和鞋，另一部分给钱。实行工钱制度后，雇佣劳动以年为期，工钱为年薪。

黑死病在欧洲发病之东北路：经奥地利传入神圣罗马帝国境内，埃尔福特死了 12 000 人，明斯特死了 11 000 人，美茵茨死了 6000 人，都相当于当时总市民数的 1/3 以上。

按照 13 世纪的租佃契约，如果主人不到一年解雇劳工，他必须付给劳工全年的工钱。14 世纪中叶的法令规定，如果被雇的劳工合同未到期就擅自离开工作岗位，应受到鞭笞和游街示众的处罚。但是主人不得强迫劳工为他连续干活三年以上。后来雇佣年工越来越困难，劳动者只愿意按月或者按星期签订合同。如此一来，到了工作繁忙的季节他们可以甩手不干，或者要求在农忙季节提高工资。

◉ 乔万尼·薄伽丘

乔万尼·薄伽丘是《十日谈》的作者，由于其亲身经历了黑死病，所以在他的著作中谈到了当时佛罗伦萨严重的疫情。他描写了病人怎样突然跌倒在大街上死去，或者冷冷清清的在家中咽气，直到死者的尸体发出了腐烂的臭味，邻居们才知道隔壁发生的事情；旅行者们见到的是荒芜的田园无人耕耘，洞开的酒窖无人问津，无主的奶牛在大街上闲逛，当地的居民却无影无踪。

⊙ 被强制劳动的劳工－中世纪油画

最后一个阶段是按日计工，即按天计算工钱。昔日的奴隶成了今天的农村无产者，地主称他们为零工，这些人成了农村的底民。地主把他们看成是一种威胁和不安定的因素。为了对付这些人，地主利用他们所把持的乡镇政权，征收零工的个人所得税，并将每个人注册登记，建立档案，不允许他们离开家乡。甚至还要求议会重新实行按年结算工钱的老法令，强迫劳动者为自己干活。

在法国马赛有56 000人死于瘟疫的传染；在佩皮尼昂，全城仅有的8名医生只有一位幸存下来；阿维尼翁的情况更糟，城中有7000所住宅被瘟疫弄得人死屋空；巴黎的一座教堂在9个月中办理了419份遗嘱，比瘟疫爆发之前增加了40倍。在比利时，主教成了瘟疫的第一个受害者。

卡斯蒂利亚王国爆发了起义，佩德罗王子欲争夺王位

公元1350年，卡斯蒂利亚王国爆发了大地主反对现任国王佩德罗一世的起义，国家陷入内乱。起义军首领是阿方索·桑舍斯的儿子若奥·阿方索·德·阿尔布克尔克。公元1354年，若奥·阿方索·德·阿尔布克尔克开展起义军同葡萄牙结盟的

⊙ 油画：骷髅王后

这一幕发生在公元1360年，在对茵内斯重新下葬时，佩德罗一世要求小王子费尔南多亲吻死去多年的茵内斯的一幕。

之所以让小王子费尔南多亲吻尸体，是由于佩德罗一世觉得少年的母亲，就是他娶的第一位王后导致了自己心爱人的离世，让他这样做，有一种母债子偿的感觉。

佩德罗王子狂热的爱情、他与国王的冲突、导致茵内斯死亡的政治原因、大部分贵族的同情、国内战争、残酷的报复手段，迁移尸体的隆重仪式、陵墓的宏伟及其艺术价值，这一系列的事实汇成了一个奇妙的传说，在人民中间广为流传。

佩德罗的事迹成为之后文艺复兴时代重要的选题，仅仅用意大利语谱写的歌曲或芭蕾舞曲就有126首之多。后来这个传说甚至被搬上了银幕成了造型艺术的题材。

计划，建议佩德罗王子去争夺卡斯蒂利亚的王位（佩德罗王子的母亲帕阿特里丝王后是卡斯蒂利亚国王桑乔四世的女儿），因为他是前国王桑乔四世的亲外孙。佩德罗王子有意接受这项建议，但是阿方索四世坚决反对他这样做，以避免葡萄牙卷入卡斯蒂利亚内战。

佩德罗与茵内斯的爱情故事

茵内斯的全名叫茵内斯·德·卡斯特罗，是卡斯蒂利亚国王（当时隶属于西班牙的一个王国）桑乔四世的私生女。

前文说道，阿方索四世的弟弟阿方索·桑舍斯争夺王位失败后逃到了卡斯蒂利亚，后来他与阿尔布克尔克城堡的女主人结为夫妻。这个女主人哺育过茵内斯，是茵内斯的乳母。

后来，茵内斯成了佩德罗王子的妻子康斯坦茨（卡斯蒂利亚公主）的一个侍女。佩德罗王子对美丽的茵内斯一见钟情。康斯坦茨在世时曾想尽办法去阻止这个浪漫事件，但她那任性的丈夫却继续向茵内斯求爱，而茵内斯也爱上了他，佩德罗王子与茵内斯公开同居，并生下了四个子女。康斯坦茨去世后，佩德罗王子便公开把茵内斯纳为情妇，但由于她出身微贱，将来佩德罗王子继位后不能立其为王后。

茵内斯被斩首，佩德罗王子与父亲开战

为了阻止佩德罗王子接受出任卡斯蒂

◉ 阿尔科巴萨修道院

阿尔科巴萨修道院建于公元12世纪末，教堂简朴、庄严，鼎盛时期有999名修道士。阿尔科巴萨的修道院里有葡萄牙最大的早期哥特式教堂。当时修道院院长还是辅佐国王的评议会的一名成员，有管理13座城、4个港口的权力。

利亚国王的建议，并避免茵内斯和佩德罗王子的孩子们对合法王孙费尔南多产生威胁，阿方索四世决定听从贵族们的建议处死茵内斯。阿方索四世不是一个狠心的父亲，可是为了国家的利益，他极为勉强地同意杀害茵内斯。适逢佩德罗王子有事外出，阿方索四世和残忍的贵族趁机来到茵内斯居住的科英

◉ 佩德罗一世

阿方索四世的儿子佩德罗一世时期（1357—1367年）坚持了“公平”路线。由于他继续这条路线而得到“公正的人”这个绰号。人们认为“佩德罗国王统治的十年是葡萄牙历史上从未有过的十年”，这表达了人民对于那个国王与人民力量的联合时代的热爱和对社会发展状况的满足。佩德罗巡游全国，亲自参与司法行政，严格按照法律条文办事。当他认为案件应当特别处理时，他也能迅速地下达相对公正的裁决。那些为了一己私利和个人享乐而滥用职权的高官都格外怕他。

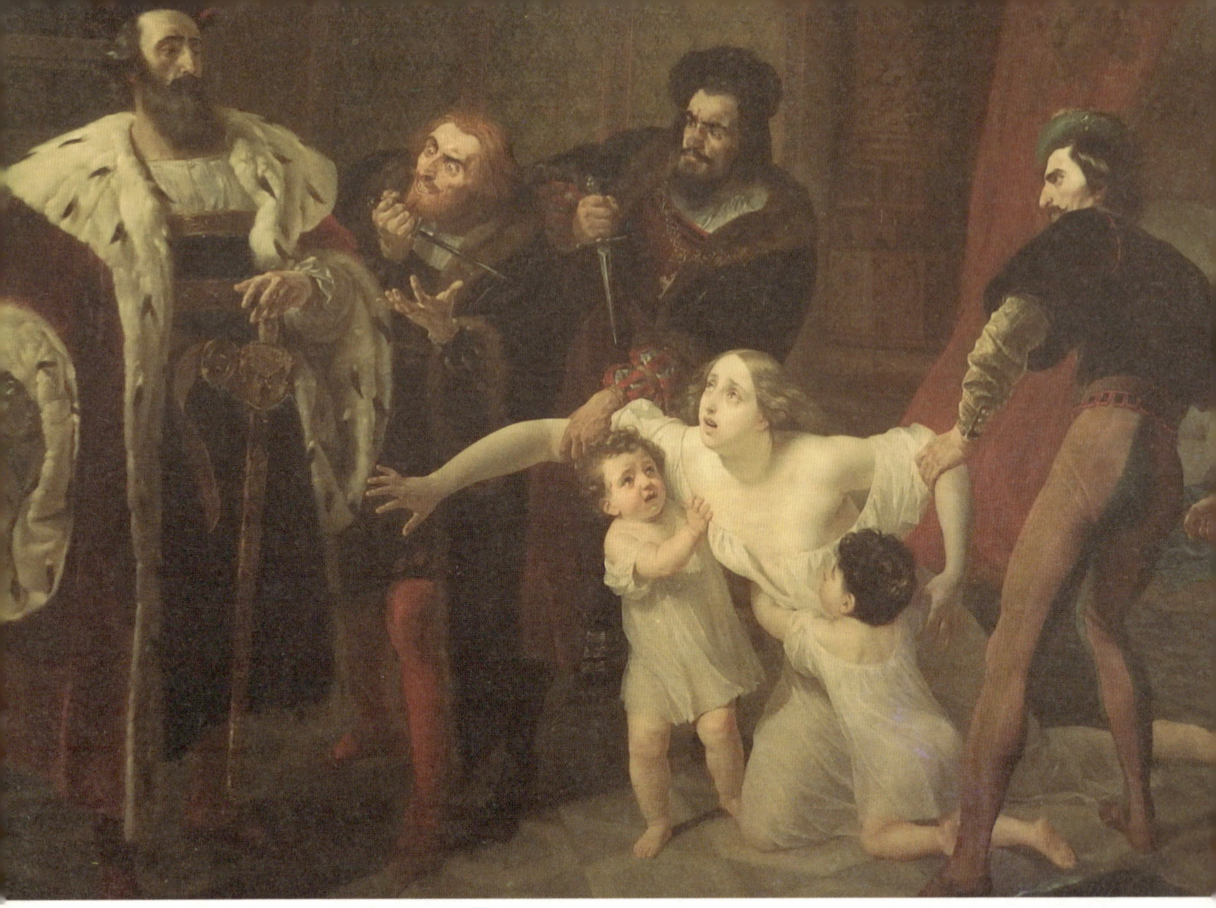

◉ 处死茵内斯·德·卡斯特罗

布拉。茵内斯知道他们是来杀害她的，她苦苦哀求阿方索四世饶她一命。阿方索四世素有豪爽侠义之名，听了她的哀求后很受感动，就改变原意走开了。但是他一离开茵内斯，朝臣们又重新提出他们的理由，说这个女人会使葡萄牙遭殃。阿方索四世又被说服了，同意朝臣们可以按照他们的意愿行事，于是他们折回去处死了茵内斯。

公元1355年1月7日，茵内斯在科英布拉的圣克拉拉王宫被斩首。

◉ 阿尔科巴萨修道院内茵内斯的棺椁

阿尔科巴萨修道院里安放着佩德罗与爱妻茵内斯的两具棺椁，棺椁上有许多栩栩如生的塑像，茵内斯的棺椁下面是6只容貌像杀手、身体像野兽的动物，据说就是怂恿阿方索四世杀害茵内斯的凶手。

阿尔科巴萨修道院的这座坟是葡萄牙在中世纪建成的最美丽的坟墓。
右侧是茵内斯，左侧是佩德罗。当初佩德罗命令这样放置，是为了当有一天他复活的时候，能第一时间看到他最心爱的被残酷杀害的王妃，足可见他是个多情的种子。

事后，佩德罗王子认为阿方索四世处理此事不合情理，因而宣布起义。佩德罗王子的部队主要由葡萄牙和加利西亚的贵族组成，数月内战火遍及葡萄牙全国各地。佩德罗王子的军队因为垂涎波尔图居民的财富，将该城围困达数个星期之久，为了保卫波尔图，市民们把停泊在杜罗河上的船只的旗帜都扯下来填塞城墙的裂痕，表明人民力量参与了捍卫国王的斗争。

后来佩德罗王子认识到他父亲是受人蛊惑、教唆，于是阿方索四世与佩德罗王子的这场冲突最后达成了和解。

佩德罗王子继位后，为茵内斯报了仇

公元 1357 年，阿方索四世去世，佩德罗王子继位，即佩德罗一世。虽然佩德罗王子在继位之前做出既往不咎的庄重誓言，但他一上台，立即采取行动，对杀害茵内斯的凶手展开报复，涉嫌处死茵内斯的大臣们逃去了卡斯蒂利亚。佩德罗一世要求卡斯蒂利亚的国王交出那些参与处死茵内斯的人，设法引渡回来之后，用极其残暴的手段将他们一一处死，毫不宽恕。这件事使当时的人大为震惊。

佩德罗一世在统治葡萄牙期间，为了

◉ 波尔图大学

波尔图曾经诞生了葡萄牙的 6 位国王，也建立了这个国家的第一所大学，它也是欧洲最古老的大学之一。这里也是佩德罗王子为了给情人报仇而向自己父王开战的城市。

◉ 茵内斯棺椁上的卧像

◉ 葡萄牙国王“美男子”费尔南多二世

费尔南多二世是佩德罗一世与卡斯蒂利亚公主所生。小伙子长得相当标致，以至于得到了“美男子”的雅号。

给去世的茵内斯提高声誉，公元1360年他宣布说早已和茵内斯秘密结婚，并且下令在阿尔科巴萨修道院为茵内斯修建一座在葡萄牙陵墓艺术中占据鳌头的坟墓。竣工后，立即把茵内斯的遗体从科英布拉迁到此地安葬。佩德罗一世还想让他与茵内斯的孩子拥有合法的王室地位，可是这引起了贵族与平民的不满和反对。

佩德罗一世执政了10年后便在哀思中死去，其有两子，分别是“美男子”费尔南多二世和私生子“美好者”若奥一世，两人相继成了葡萄牙国王。

费尔南多二世时期葡萄牙的危机

公元1367年，葡萄牙国王佩德罗一世逝世，费尔南多二世开始执政葡萄牙。费尔南多二世执政期间，葡萄牙与卡斯蒂利亚交织在了一起，阿方索四世最担心的事情发生了。

费尔南多二世发动战争，企图夺取卡斯蒂利亚王位

卡斯蒂利亚经历长时间的内战，国王阿方索十一世去世后，封建贵族首领、国王的哥哥恩里克二世取得了胜利，杀死了自己的弟弟佩德罗一世（与葡萄牙的国王佩德罗一世同名）后继承了王位。内战中失败的西班牙贵族们逃到了葡萄牙，开始劝葡萄牙国王费尔南多二世去争夺卡斯蒂利亚的王位。

前文说到，葡萄牙国王佩德罗一世是卡斯蒂利亚前任国王桑乔四世的亲外孙，拥有合法的继承权。费尔南多二世作为桑乔四世

如今的里斯本还有“泪泉”“泪馆”等证物纪念佩德罗王子和茵内斯的这场千古爱情绝唱。

从费尔南多二世“美男子”的长相可以推测，他的母亲一定长得美丽动人。

公元1380年，费尔南多二世在之前父亲创立的海上贸易基金会的基础上，在里斯本成立了类似的海运公司，并颁布法令，需要造船的商人可以向国王提出申请，获得准许之后即可以在沿海的王家园林之中伐取木材。葡萄牙的海上贸易得到了进一步发展。

的正统玄孙，自然是垂涎于卡斯蒂利亚的王位。卡斯蒂利亚现任国王恩里克二世也是桑乔四世的玄孙，但他是个私生子，所以费尔南多二世利用葡萄牙的势力，开始发动战争，企图夺取卡斯蒂利亚王位。后来英国王子冈特的约翰也以同样的理由参与进来，展开了一场三方大混战。

公元 1382 年，费尔南多二世创立了葡萄牙王国总管一职，该职总理王国事务，权力仅次于国王。第一任葡萄牙王国总管由茵内斯的哥哥、阿拉约洛斯伯爵、维亚纳伯爵阿瓦洛 · 皮瑞斯 · 德 · 卡斯特罗担任。

葡萄牙与卡斯蒂利亚结盟

费尔南多二世联合阿拉贡王国、阿拉伯人在公元 1369—1370 年向卡斯蒂利亚宣战，葡萄牙战败。双方缔结和约，费尔南多二世表示放弃争夺卡斯蒂利亚王位，并与卡斯蒂利亚国王的女儿定下婚约。公元 1372 年，在英国的支持下，费尔南多二世再次发动战争，但是卡斯蒂利亚趁着葡萄牙还在做战争准备、集结军队，率先发动进攻。葡萄牙慌乱之中没能组织有效的抵抗，卡斯蒂利亚军队一路畅通，直接挺进到了葡萄牙首都里斯本。双方再次签订和约，费尔南多二世再次宣布放弃卡斯蒂利亚王位，并表示与卡斯蒂利亚结盟，联合起来反对英国。

公元 1381—1382 年，第三次战争开始到结束并没有军队作战。英国为了打败法国，需要控制卡斯蒂利亚，于是派遣军队先来到葡萄牙寻求合作。此时葡萄牙已经与卡斯蒂利亚结盟，英国军队来到葡萄牙之后非但没有得到帮助与支持，甚至和英国亲近的葡萄牙还倒向了卡斯蒂利亚阵容。浩浩荡荡的英国大军只好返回祖国。

◉ 贝伦塔

里斯本素来被人们称为七丘城，是一座秀丽的海滨城市。这里有世界上最古老的建筑之一贝伦塔，在大航海时代，贝伦塔曾是航海家们的起点，更曾被作为电报塔、监狱、灯塔等用途，见证着葡萄牙的历史。

战争是贵族的游戏

战争是贵族的游戏，但战争的沉重负担却压在了资产者和平民身上。资产者要负担军费，

里斯本是葡萄牙共和国的首都。最早在此泊船的是腓尼基人，此处便被他们称为“和平之港”，后来由罗马人和西哥特人开发，但是被摩尔人占领，经过 400 多年的抵抗，终于被阿方索一世率领的十字军占领。

平民作为士兵参战要付出生命。城市大资产阶级和农村中产阶级强烈谴责费尔南多二世的政策，人们认为阿方索四世时期国内一派太平昌盛，而费尔南多二世时期则社会动乱。费尔南多二世通过战争动员、借贷、税收、使货币贬值、使价值大大低于成本的政策、对贵族的照顾、王室的庞大开支和不立账目等手段，王室与贵族阶级越来越富，其他阶级越来越贫困。其中价值大大低于成本的政策，严重压榨生产者的劳动所得。贵族逐渐完成资本的积累，开始侵犯商业活动。很多贵族成了商人，经营进出口贸易，他们订购商品除了用来满足自己的使用需求，还转手倒卖、投机倒把、谋取暴利。人民群众开始公开反对国王欺压人民、王室官吏的贪污腐化、无法秉公办事、不遵守财产转让法，葡萄牙的社会危机逐渐加深，人民怨恨国王，贫民与贵族也常有摩擦和冲突。

◉ 费尔南多二世与莱奥诺尔·特莱丝·德·梅内塞斯的雕像

公元 1371 年与卡斯蒂利亚的停战约定中有一条关于葡萄牙国王费尔南多二世与卡斯蒂利亚联姻的约定，或许是由于受父亲的影响，费尔南多二世也毁约了，也还是因为一位女子，而且是一位已婚的女子。她就是已婚的莱奥诺尔·特莱丝·德·梅内塞斯。看到自己的国王这样“爱好”，葡萄牙人民反对这桩婚事，他们高举取消婚事的牌匾举行了盛大的游行。迫于形势，费尔南多二世答应了民众的请求，可事后却悄悄地与那名女子结了婚，并处决了游行的组织者，这次血腥的镇压使费尔南多二世彻底失去民心。

◉ 佩德罗之后卡斯蒂利亚王国的国王恩里克二世

恩里克二世借助法国人的势力推翻了佩德罗的统治，于公元 1366 年加冕为王。

费尔南多二世还是有功绩的

费尔南多二世在葡萄牙历史上的地位是可悲的，但也值得纪念，因为他施行了几项重要的法令，其中最主要的是公元 1375 年通过的《荒地分配法》。

根据这项法令规定：一切未加开垦的私有土地都要被征收，交给愿意耕种的农民。游手好闲的人都要拘捕，强迫劳动，不管他们是游民，或是假装残废的乞丐，或是冒充的隐士，或是一般的懒汉。所有耕种的土地都应有适当的牲畜；这些耕种、牲畜必须按照合理价格买卖。

在费尔南多二世时期，葡萄牙的商业逐渐兴盛起来了。里斯本成为一个重要的大西洋海港，这时正在稳步发展。为了进一步鼓励海上贸易，费尔南多二世批准了有利于船主的法律，免除他们各种各样的捐税，允许他们从王室的森林里采伐木材，制造船只。里斯本和波尔图的船主们联合成立一些公司，大家出钱建立公共财库。凡船舶因失事或劫掠而遭受损失时，都能够从公司的资金中获得补偿。这样国家的商船队的数量和质量就得到了保障。

费尔南多二世在公元 1383 年去世，社会矛盾愈发膨胀，引起了中世纪葡萄牙社会的最后一次大动荡。在此之后，勃艮第王朝覆灭，王权辗转，其弟弟若奥一世上位，葡萄牙进入阿维什王朝时代。

◎ 勃艮第家族会徽

费尔南多二世是葡萄牙勃艮第王朝的最后一位君主，这个来自法国卡佩王朝的家族一共经历了 4 任国王，之后的葡萄牙由阿维什王朝统治。

若奥一世 6 岁时被封为阿维什骑士团的首领，接受了系统的宗教和军事教育。但私生子的身份妨碍了他对王位的渴望。

◎ 阿维什王朝会徽

阿维什王朝（1385—1580 年），葡萄牙历史上的第二个封建王朝，因为建立者是阿维什骑士团首领而得名，一共传了 8 个国王，统治了 195 年。

第四章

葡萄牙航海时代的开端——阿维什王朝

若奥一世继位之后，葡萄牙的经济开始恢复，由于航海技术的不断发展、国内资源短缺、资本主义的发展、对黄金的渴望等，葡萄牙人开始了海上的扩张。亨利王子推动了葡萄牙航海事业的发展和对非洲海岸的探索及开发，被称为“航海者”。同时，葡萄牙也在不断发展和壮大，为日后的腾飞积蓄着力量。

1383 年革命和阿维什王朝的建立

公元 1383 年，费尔南多二世去世，他有三个婚生子女（还有一个私生女伊莎贝拉·费尔南德斯），但是其长子佩德罗和次子阿方索都已夭折，活下来的只有女儿贝娅特丽丝公主。因此，王位由贝娅特丽丝公主继承，然而她当时已经和卡斯蒂利亚国王胡安一世结了婚，葡萄牙王国由王后莱奥诺尔·特莱丝代为执政。

◉ 葡萄牙贵族的生活

人民和部分贵族反对贝娅特丽丝继承王位

人民和部分贵族并不认可贝娅特丽丝继承王位，因为她的继位严重危及葡萄牙的主权独立。许多城市的资产阶级也反对莱奥诺尔·特莱丝摄政，因为她的摄政意味着葡萄牙将继续执行费尔南多二世的政治方针。于是里斯本爆发了起义，大资产阶级企图把自己的施政方针强加给摄政的王后，建议她成立一个由“市民”，即资产者组成的御前会议。大资产阶级还联合了一部分贵族，决定杀害掌握大权的安德罗伯爵，因为他阻碍了大资产阶级满足自己的政治需求。安德罗伯爵是摄政王后的情夫，位高权重、狂妄自大，而且没有真才实学，引起贵族和人民的憎恨。为完成这项使命，他们挑选了阿维什军团统帅、费尔南多二世的弟弟、佩德罗一世的私生子若奥王子出面，当时他正在修道院里修行，因此而还俗。

若奥一世

若奥一世（1357 年 4 月 11 日—1433 年 8 月 14 日），葡萄牙和阿尔加维国王（1385—1433 年在位），是葡萄牙阿维什王朝的建立者，被称为“若奥大帝”，可能是葡萄牙历史上最伟大的国王。他在位时期，葡萄牙确立了向海上发展的国策，并为大航海时代的到来吹响了前奏。

里斯本拥立若奥王子为摄政王

贵族和资产阶级号召里斯本的人民支持这场宫廷政变，但其结果却是事与愿违。里斯本人民既反对摄政王后也反对贵族，而且掌握了革命领导权。手工业匠人和庶民拥立了若奥王子为摄政王，莱奥诺尔·特莱丝被推翻，逃回了母国卡斯蒂利亚。

富裕有声望的资产者不想加入，但是手工业匠人强迫他们加入了革命的行列。若奥王子成立了一个由法学家和商人参加的御前会议，建立了 24 人委员会。它是一个由 12 个重要行业各派两名代表组成的设在市政厅的革命委员会，国家颁布规章制度和工作事项一律要经这个组织的批准。这表明此时里斯本的大权掌握在手工业匠人的手里。

但在葡萄牙其他的城市和乡镇里，贵族和农场主依旧把持着地方的政权，拥护贝娅特丽丝公主为女王，并支持王后摄政，庶民百姓却没有力量来反对这些权贵。

14—16 世纪的象牙制品－葡萄牙人

卡斯蒂利亚国王兵败于一场瘟疫

里斯本起义成功的消息引起了极大的震动，鼓舞了平民的士气，加剧了贵族和平民间的冲突和分裂。

◉ 与若奥一世开战的卡斯蒂利亚国王胡安一世

公元 1383 年，葡萄牙国王费尔南多二世唯一的女儿贝娅特丽丝嫁给了胡安一世，成为他的第二任王后，因此他也有了入侵葡萄牙王国的正当理由。

◉ 英国弓箭手

莱奥诺尔·特莱丝意识到要赶快组织有力的武力镇压，以维护自己对葡萄牙的统治。于是便借助卡斯蒂利亚国王的力量来扑灭里斯本人民起义的烈火。卡斯蒂利亚的国王胡安一世欣然同意前往，其实胡安一世想在事成之后控制葡萄牙，最终夺得葡萄牙的王位。

若奥王子获知胡安一世欲插手葡萄牙事务后，于是做好了防御工作，并得到了英国的一支精锐长弓箭手军队的援助。

公元 1384 年 5 月底，胡安一世重兵包围里斯本，战争打响没多久，一场可怕的瘟疫使得卡斯蒂利亚士兵人数大减，迫使胡安一世在 10 月份返回卡斯蒂利亚重新招募兵员。

◉ 参战的英国兰开斯特公爵

在 14 世纪以及 15 世纪初期，有许多的兰开斯特公爵。在公元 1385 年任兰开斯特公爵的是里奇蒙伯爵一世冈特的约翰。他是英格兰爱德华三世的第三个儿子，参与过英法百年战争，并担任司令。

若奥一世与英国结盟对抗卡斯蒂利亚

英国的兰开斯特公爵参与了作战

公元 1385 年，若奥一世夺取了侄女的王位，由议会推举为葡萄牙国王。8 月 14 日，葡萄牙与卡斯蒂利亚两国军队在阿尔茹巴罗塔再次交锋。葡萄牙以步兵密集方阵队形抗击卡斯蒂利亚的骑兵，最终击败卡斯蒂利亚军，胡安一世战败而逃。葡萄牙人在阿尔茹巴罗塔获得胜利，很大原因是英国的兰开斯特公爵（英国国王的叔父）派了援兵攻打卡斯蒂利亚。兰开斯特公爵娶了卡斯蒂利亚前任国王恩里克二世的女儿，因而有权争夺卡斯蒂利亚的王位，而与葡萄牙共同的敌人就是现任卡斯蒂利亚国王胡安一世，于是借助葡萄牙与卡斯蒂利亚两国军队交战之际，趁机插了一脚，实际上他另有企图。

葡萄牙和英国之间正式结成同盟

兰开斯特公爵帮助葡萄牙打跑了卡斯蒂利亚，公元 1386 年 5 月 9 日，葡萄牙和英国在温莎签订《温莎条约》并正式结成同盟。根据条约规定，两个王国同意永远结成牢固的同盟。这个同盟至今仍然被认为是存在的，并且是世界上最古老的同盟协定。接下来，兰开斯特公爵带领 5000 名英国士兵到达葡萄牙，帮助葡萄牙对抗卡斯蒂利亚，顺便夺取

⊙ 兰开斯特公爵的第二任妻子佩德罗一世的女儿康士坦斯

此时英格兰国内也不太平，因为英法百年战争和黑死病的原因，造成了社会的动荡，甚至因此导致了民变四起，虽然兰开斯特公爵获得了英格兰摄政的权力，但此时又杀入卡斯蒂利亚王位之争。

若奥一世在阿尔茹巴罗塔战役中大败入侵的卡斯蒂利亚军队，捍卫了国家的独立，也巩固了自己的王位（2004 年在葡萄牙举行的欧洲国家杯足球赛，葡萄牙各大媒体都将西葡两队的生死战比喻为“阿尔茹巴罗塔战役”，可见此战在葡萄牙人心目中的重要性）。
由于若奥一世是阿维什骑士团的首领，他建立的朝代被命名为阿维什王朝，因为按西方的观念，私生子继位就意味着改朝换代了，葡萄牙的勃艮第王朝至此结束。

1386 年 5 月 9 日，葡萄牙与英国之间签订了结盟的《温莎条约》。翌年由于若奥一世与英国兰开斯特公爵冈特的约翰之女菲利帕结婚，从而加强了两国之间的关系，巩固了阿维什王朝的统治。

◉ 签订《温莎条约》

娶了英王孙女的若奥一世，使葡萄牙进入历史上的黄金时代，也使得地理大发现的时代成为可能。

他所垂涎的卡斯蒂利亚王位。

在联军开始作战前，葡萄牙国王若奥一世与兰开斯特公爵的女儿菲利帕结了婚。葡萄牙和英国的联盟更加牢靠了。

接下来，联军开始入侵卡斯蒂利亚，战争进展很顺利，但是卡斯蒂利亚没有人对兰开斯特公爵争夺王位表示拥护和支持。随着时间的推移，战争开始变得艰难了，因为英国士兵不能适应伊比利亚半岛的气候，很多人感染疾病，接二连三地死去。

在公元 1387 年夏季到来之前，英国人和葡萄牙人都被这场消耗战搞得筋疲力尽，都希望能尽快结束战斗。因此，当卡斯蒂利亚国王胡安一世提出赔偿兰开斯特公爵的一切费用以换取和平时，公爵接受了这一倡议，并把残存的军队撤回到英国管辖的法国南部

◉ 努诺·阿尔瓦雷斯·佩雷拉雕像

努诺·阿尔瓦雷斯·佩雷拉是若奥一世的保驾功臣，在阿尔茹巴罗塔战役中一举消灭了入侵的敌军，迫使卡斯蒂利亚放弃了再次进攻的企图，最后不得已投降。葡萄牙国王若奥一世的王位才得以巩固。

的巴荣纳。

在兰开斯特公爵撤军之后，葡萄牙和卡斯蒂利亚之间再也没有了大的战役，都是边境上的小冲突。公元1411年，卡斯蒂利亚与葡萄牙签订停战协议，战争结束。

葡萄牙海外扩张的社会背景

15世纪初，葡萄牙与卡斯蒂利亚之间的战争结束了，国内条件为海外扩张创造了大好时机。此时，葡萄牙内部虽然充满着社会矛盾，但是却没有停止其海外扩张的脚步。

海外扩张对各个阶层都有好处

在中世纪的欧洲，国王和教会之间的矛盾、贵族和人民之间的矛盾、富豪和贫民之间的矛盾，都产生于同一个原因：财富增加缓慢和需求增加过快，两者之间比例失调。社会生产力不足而贵族和大资产阶级消费需求过高，两者之间不成比例。

对于人民来说，海外扩张和移民意味着自己可以寻找新土地，来追求更好的生活条件并摆脱沉重的压迫制度。

对于教士和贵族来说，海外扩张意味着传播基督教和占领新的土地。海外扩张是难得的历史机遇，传播基督教和占领土地是为上帝和国王效劳的形式，努力报效国家便可以得到相应的报酬，如封地、封官。

若奥一世的王后——兰开斯特的菲利帕

若奥一世不但以“休达征服者”闻名于世，更以与一生挚爱的王后——兰开斯特的菲利帕育有三个杰出的儿子而足慰平生！因为在葡萄牙历史上，若奥一世的三个王子被赞誉为“王室卓越的一代”。

若奥一世的次子佩德罗二世，就是后文中摄政的科英布拉公爵，此人极富想象力，具有当时贵族中少见的人文主义精神，尤其表现在对探知周边世界的极大热情。他于公元1412年，20岁时就开始了旅行征程。

佩德罗二世的第一站到访的就是当时与葡萄牙关系紧张的卡斯蒂利亚王国，他与当时的国王胡安一世谈笑风生，替父亲缓解了当时两国的对立关系。

佩德罗二世的第二站穿越法兰西与神圣罗马帝国的领土，到达匈牙利觐见了当时的帝国皇帝兼匈牙利国王西捷斯孟德一世，随后在皇帝的要求下，参与了帝国军队对波希米亚胡斯教徒的战争。

公元1424年，佩德罗二世大胆地进入东方旅行，在巴特莫斯岛拜访了正在那里休养的奥斯曼帝国苏丹穆拉德二世，并受到了款待。之后，他进入衰败的君士坦丁堡，之后南下去了耶路撒冷朝圣。在归途中，他先后去了巴黎大学和牛津大学。

葡萄牙迫切需要寻找黄金

在经济方面，整个欧洲都极度缺乏黄金，葡萄牙更甚。由于欧洲从东方大量进口香料、茶叶、陶瓷、各种奢侈品导致葡萄牙贸易逆差严重，欧洲积攒的黄金都流向了印度和中国。葡萄牙国内黄金不足，导致铸造的货币成色不足，无法支撑应有的价值。这就导致了货币贬值，物价上涨。欧洲没有什么金矿，唯一的黄金供应是撒哈拉大沙漠，但产量很低。所以葡萄牙迫切需要开始扩张寻找黄金。

有了海上扩张的企图之后，阿维什王朝一直试图征服非洲大陆，因为那些土地、黄金和奴隶对葡萄牙有着巨大的吸引力。公元 1415 年，若奥一世和亨利王子亲自率领一支由 19 000 名陆军、1700 名海军和 200 艘战舰组成的庞大军队，攻占了非洲西北角的重要城市休达（今塞卜泰），此事件被认为是葡萄牙海上扩张政策的正式起点。

对于商人来说，海外扩张意味着生意前景兴隆，意味他们可以在产地低价购买原料再高价转卖。

对于国王来说，海外扩张是提高威望的机会，可以转移国内的社会矛盾，使贵族把更多的精力投放在扩张上而不是压榨平民上，平民也有了发财致富的机会，更重要的是可以开辟新的财源、充实王室财产。只有那些经营农业的农场主无利可图，对他们来说，国内劳动力外流意味着劳动力价格的上涨。

海外扩张对葡萄牙产生深刻的影响

在地理位置方面，葡萄牙是一块狭长的沿海土地，东部强大的卡斯蒂利亚使葡萄牙完全没有在陆地上扩张的机会。这就导致了葡萄牙除了选择海外扩张外，别无他法。

随着新的领土的发现，葡萄牙开始消费领土之外生产的消费品。大规模的航海事业开始之后国内战争时期便告结束。海外扩张成了一项全国的大事，每个人都想从海外扩张中得到好处。葡萄牙的海外扩张政策对葡萄牙社会的各个方面都产生了深刻的影响。国内各项工程计划都不过是昙花一现、过眼烟云，持续时间不超过一代人，唯独海外扩张成了一种持久的活动，列入国家计划达 500 年之久。

葡萄牙作为一个僻处欧洲西南一隅的弱小国家，没有向大陆发展的实力和空间，挺进大洋是它强国的唯一出路。在巩固了王位之后，若奥一世就把眼光投向了辽阔的海洋。

葡萄牙开始海外扩张占领休达

随着时间的流逝，若奥一世和王后菲利帕有了爱情的结晶，他们的孩子也陆续长大成人。王位继承人是长子杜阿尔特，他是一个豪爽、正义、有骑士理想的有为青年。次子佩

⊙ 15 世纪的休达城

德罗（二世）王子是科英布拉公爵，他是兄弟之中最有才能的一个，喜欢旅行，富有想象力，喜欢钻研学问，而且极其支持并鼓励弟弟亨利王子的航海事业。第三个王子便是近代地理发现的鼻祖——航海家亨利王子。

若奥一世的孩子们成长在和平年代，长大成人后便劝说父亲发动战争从而建功立业。若奥一世经过仔细考虑和斟酌，决定听从孩子们的建议。

经过讨论和辩论之后，若奥一世决定征讨摩洛哥，夺取休达城。休达城控制着地中海的西部入口，是可以控制直布罗陀海峡的战略要地，如果占领该地，将有助于遏制那些穆斯林海盗，他们经常侵扰西班牙和葡萄牙海岸并抢劫基督教徒的船只。休达城还是陆地和海上的重要商贸中心，而且是个重要

⊙ 杜阿尔特一世

杜阿尔特一世是一个作家，他写出了许多高水平的好文章，比如教导人们如何保持良好节操和杜绝恶习的《忠诚顾问》，讲述骑马经验的《如何用好马鞍的骑乘艺术》和《慈善之书》。被称为“演说家”和“哲学家国王”。

他继承王位成为葡萄牙国王后，同样显示出了自己宽仁而睿智的领导风格，得到上下爱戴。

◉ 加泰罗尼亚地图 -1375 年

右图是中世纪最好的世界地图——加泰罗尼亚地图，这是其中关于北非海岸的部分，图中下面部分右边的是曼萨·穆萨，他手中拿着金块，上面则是神话中的黄金河，北非海岸与西班牙南部地图。

传说博嘉杜尔角以南的海域是“恐怖之海”(Mar Tenebroso，也可译为混沌之海)，驶向那里的船只都无法逃脱沉没的命运。但是吉尔·埃亚内斯的平安归来打破了这个神话。当停靠在新的海岸上时他发现了成片的不知名的鲜花，于是便命令手下采摘下来带回国内，献给了资助这次远航的亨利王子。这些花从而被命名为“圣玛丽亚之玫瑰”(Rosas de Santa Maria)。

的粮食高产区，整体很富裕。攻打休达城既能攫取财物，又可以将部分商业转到葡萄牙人的手里。在宗教上讲，拿下休达城也是给伊斯兰势力一个打击。150 多年前十字军所到之处就是把异教徒赶出他们的家乡，所以对葡萄牙来说，进攻摩洛哥在逻辑上是十字军运动的继续。

◉ 勃艮第公爵“好人”腓力

公元 1426 年，不甘寂寞的佩德罗王子 (若奥一世的次子) 又出发旅行去了，这次他去了佛兰德斯，拜会了勃艮第公爵“好人”腓力，面对新近丧妻的公爵，佩德罗王子热情地推荐了自己的妹妹，最终撮合成功了勃艮第与葡萄牙的联姻，他们婚后很幸福，并诞生了下一任勃艮第公爵“大胆查理”。

◉ 航海家亨利王子的雕像

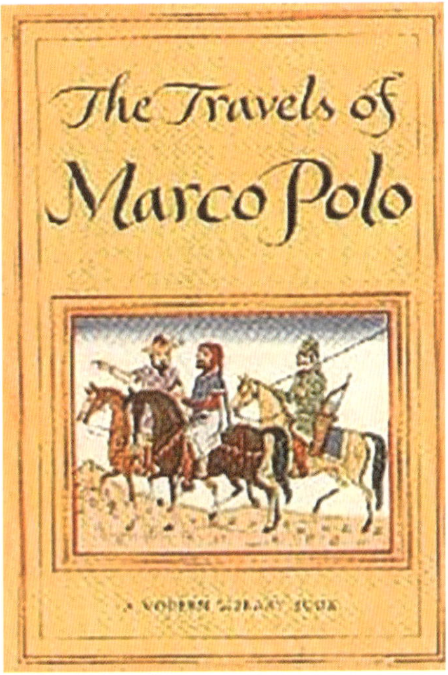

◉《马可 · 波罗游记》

公元 1428 年，佩德罗二世到了威尼斯共和国，购买了大量意大利各海上共和国出版的“世界地图”，甚至还包括了《马可 · 波罗游记》，这些资料被带回了葡萄牙，对后来的大航海也起到了一定的推动作用。

为远征做了充分的准备

经过全面地研究了形势之后，若奥一世着手动员军队，征集船只。通常筹集军费要和议会商议，但这样做就会泄露机密，关系到战事的成败。因此，若奥一世私人承担军费，筹集到足够的款项来支付战争所需的巨额费用。

佩德罗王子和亨利王子以及他们的同父异母私生兄弟巴塞洛斯伯爵，在全国各地广泛地征集士兵。经过安排准备，亨利王子和巴塞洛斯伯爵的部队从波尔

在当时简陋的海船上，勇敢的水手们承载着民族的期望，以自己的生命为赌注，一次次地向未知的“魔鬼之海”驶去。

◉ 若奥一世的幼子费尔南多

若奥一世的幼子费尔南多富有骑士精神，积极参与十字军运动，但是最后客死他乡。关于他的死亡是这样记载的：

公元 1437 年葡萄牙海军包围了北非城市丹吉尔，但是战败了，为了保存实力，在与敌人谈判时提出答应归还休达，以换取葡萄牙军的安全撤离，为了保证谈判的顺利，当时的指挥官费尔南多王子作为人质留下来。但是当时的葡萄牙贵族们宁肯牺牲费尔南多王子的命，也不愿意让出休达，就这样，这位王子身陷囹圄，直到公元 1443 年去世，阿拉伯人将其安葬在修道院中，并尊称他为神圣王子。

◉ 殷皇子大马路上的葡式标记

在葡萄牙管治澳门期间，南湾一条马路被命名为“殷皇子大马路”来纪念亨利王子。

图上船，国王若奥一世和佩德罗王子的部队则从里斯本登船。

于是，大批的牛群从葡萄牙内地赶到海边，就地屠宰，把肉腌好装到船上。军械工、木工、修船工、制帆工、屠宰工把里斯本和波尔图变成了动员的军营。整个国家拼命地工作，却只有少数几个人知道这次远征的地方。邻近的基督教国家对葡萄牙这些军事准备感到惊慌，派遣探子来到葡萄牙打探。

疯狂抢劫了豪华奢侈的休达城

公元 1415 年春季，葡萄牙舰队即将出航，里斯本却受到瘟疫的袭击，王后菲利帕也染瘟疫而死，但她临死前催促她的丈夫和儿子们尽快出征。舰队在 6 月 23 日终于离开里斯本驶出特茹河，这时候瘟疫还在蔓延。此时大多船员及士兵仍然不知道真正的目的地。

若奥一世带着他的舰队缓慢地向南行驶，他原本计划在 8 月中旬左右袭击休达城。由于风向不明，舰队在直布罗陀附近耽搁了，直到 8 月 20 日这些战舰突然穿过海峡，在休达城登陆。休达城里的穆斯林面对基督教徒突如其来的进攻，来不及集结兵力，最终城池被攻破。佩德罗王子的队伍最先攻入城内，并在

在若奥一世的支持和鼓励下，亨利王子创办了航海学校，网罗了欧洲各国的航海人才（以意大利最多），为葡萄牙培养了大批熟练的航海者，并修建海港，改进海船，将航海探险事业坚决进行下去。

城墙上亲自升起军旗。

因为休达城在商业上与整个阿拉伯世界，以及东印度群岛都有联系，所以这里非常富庶。这些来自欧洲贫穷地区的粗野士兵，疯狂抢劫了豪华奢侈的休达城。

在这场洗劫之后，若奥一世恢复了休达城的秩序，然后立即命令大部分军队坐船回国，留下佩德罗王子和3000名士兵作为驻防之用。三年后，摩洛哥人想夺回他们的据点，但事先泄露了计划，使葡萄牙人获得时间采取行动。一支紧急征集的葡萄牙军队及时冲过海峡，抢先一步完成布防，避免了休达城再次被穆斯林控制。在杜阿尔特一世晚年休达城再次被穆斯林控制。

◉ 吉尔·埃亚内斯和他的旗舰

揭开了逐步发现非洲海岸的序幕

占领休达城不久之后，葡萄牙便开始了对非洲海岸的探索和开发。公元1416年，亨利王子组织了一次探索性的航行，去搜集非洲陌生海域相关的资料，并记录新发现地区的地理概况和矿产资源。公元1420年，葡萄牙人发现了马德拉群岛；公元1431年，发现了亚速尔群岛，成为大西洋航行的重要补给基地（对欧洲人而言，这些原本存在的地方被“发现”了）。

公元1433年，国王若奥一世逝世，杜阿尔特一世继位，亨利王子对政治没有兴趣，于是把主要精力放在沿非洲海岸南下的探险上。公元1434年，在经过十几次的尝试后，亨利王子的远征队终于在船长吉尔·埃亚内斯率领下，完成了环绕博嘉杜尔角的航行，这是一次航海的伟大创举，正式揭开了逐步发现非洲海岸的序幕。

公元1419年葡萄牙国王若奥一世任命亨利王子出任阿尔加维总督，使亨利王子安心在萨格里什专注海上探索事业。公元1420年亨利王子的探险船队意外漂到了无人居住的马德拉群岛，亨利王子随即于次年派出殖民船队控制该地。公元1420年5月25日，若奥一世任命亨利王子出任基督骑士团总团长，以使其获得发展海上活动的资金。此后，亨利王子多次派出舰队对外探索，先后抵达了加那利群岛与亚速尔群岛，并逐步沿着西非海岸朝几内亚湾迈进。

佩德罗摄政始末

公元 1438 年，杜阿尔特一世逝世，王位由他只有 6 岁的儿子阿方索五世继承，杜阿尔特一世在遗嘱里指出，国王年幼期间由王后莱奥诺尔·德·阿拉贡摄政。

科英布拉公爵佩德罗成为摄政王

与公元 1383 年的情况一样，对于杜阿尔特一世的遗嘱，贵族和平民之间发生了意见分歧。贵族们要求执行国王的遗嘱，但里斯本的手工业匠人和庶民百姓反对，他们采取革命手段宣布，杜阿尔特一世的弟弟、新国王的叔叔科英布拉公爵佩德罗王子为摄政王。王后企图武力抗拒，但是得不到支持，只好离开国家出走西班牙。

佩德罗王子从小就喜欢游历各地，去过不少地方，因此得了一个雅号“七次向世界出发之王子”。

新国王的另一个叔叔巴塞洛斯伯爵是佩德罗王子的异母弟弟，源于对佩德罗王子的嫉妒，积极参加政治活动，出谋划策与贵族们一起反对佩德罗王子。

⊙ 成为摄政王时的佩德罗（二世）

佩德罗二世摄政时期（1441—1448 年）的几件大事是：对贵族做了大量的让步，以便同他们取得和解；插手卡斯蒂利亚的政治事务；加强了大西洋上的航行；保护里斯本大学和编纂《阿方索法典》。

阿方索五世与佩德罗王子之间的关系逐渐紧张

年轻的阿方索五世的母亲莱奥诺尔去了西班牙，不久后郁郁而终，因此流传出是佩德罗王子设法毒死了莱奥诺尔王后的谣言。阿方索五世在各种流言蜚语中日渐长大，加上叔父巴塞洛斯伯爵与贵族们的煽风点火，他开始记恨自己的叔父佩德罗王子。尽管阿方索五世与佩德罗王子的女儿结了婚而且很恩爱，但阿方索五世与佩德罗王子之间的关系逐渐紧张。

⊙ 纪念币上的阿方索五世

阿方索五世在干掉二叔之后，终于开始亲政了，这时他又重拾多年的计划，开始再次征服北非，这就是他“非洲人”绰号的由来。

亨利王子继续进行他的航海事业

佩德罗王子摄政期间，他和他的兄弟亨利王子一起大力发展航海事业。探险家们沿着非洲海岸突进，探险活动一直延伸到生活着黑人的几内亚。佩德罗王子下令让亨利王子垄断所有博哈多尔角以南的航海事业，并免除他缴纳税款。

后来，葡萄牙人驶过了布兰科角，发现了阿尔吉姆岛及其港口，于是葡萄牙开始和这里的阿拉伯人做生意。公元 1445 年，葡萄牙航海家迪尼什·迪亚士与黑人地区塞内加尔接触，从而发现了植被十分茂密的佛得角。与此同时，黑人奴隶贸易开始了，一船又一船的奴隶被运回葡萄牙。但在葡萄牙，黑人奴隶刚开始并不被看作值钱的财产，也不被当作劳动力。黑人更多的是被作为观赏的玩物。不过社会的趋势是发展的，葡萄牙社会逐渐接受黑人。只要黑人信仰基督教，就可以接受一定的教育而从事相关行业，并给予实际的自由，甚至允许黑人与葡萄牙的白人通婚。

◉ 葡萄牙纪念挂毯中身着铠甲的阿方索五世

很快，葡萄牙商人的船队蜂拥而至，都想夺得一杯羹。这严重侵犯了亨利王子的权利，而且唯利是图的商业船队破坏了亨利王子努力维护的葡萄牙人与当地人的友好合作关系。于是，当地人开始警惕这些新来的外地人，双方起了冲突和摩擦，以至于亨利王子派去的船队被误伤，受到袭击而损失惨重。

佩德罗王子被罢免了所有职务

公元 1458 年，阿方索五世远征非洲，想要夺取丹吉尔附近的小城阿尔卡塞尔。亨利王子虽然年迈，但也参与了这场轻而易举、迅速取胜的战役。阿尔卡塞尔很快战败投降了，亨利王子准许阿拉伯人带领家属、财产撤离，把基督教徒留了下来。

公元 1446 年，议会宣布 14 岁的阿方索五世已经成年，可以亲政了。佩德罗王子无可奈何地接受了议会的决定，逐步交出了政权。

亨利王子认为佩德罗王子把政权完全交给 14 岁的国王为时过早，于是设法劝说阿方索五世保留佩德罗王子作为御前咨询顾问的职位，希望年轻的国王遇事多请教佩德罗王子。但与佩德罗王子敌对的以巴塞洛斯为首的贵族们，又怎会善罢甘休。作为若奥一世的私生子、佩德罗王子的弟弟、阿方索五世偏爱的叔父，巴塞洛斯现在已经被册封为布拉甘莎公爵，掌握的权力越来越大，逐步把政府里佩德罗王子的亲信排挤出去。

公元 1448 年，阿方索五世正式亲政，但是直到他的王朝结束，上层贵族一直把持着国家的政权。阿方索五世亲政的同时，佩德罗王子被罢免了所有职务，他十分不满地返回了自己的封地。布拉甘莎公爵巴塞洛斯和他的儿子奥雷姆伯爵开始把持朝政，而佩德罗王子及其亲信则受到他们的迫害。

佩德罗王子之死

公元 1448 年年末，阿方索五世召集布拉甘莎公爵巴塞洛斯入朝觐见，但佩德罗王子不允许这个迫害自己的私生子弟弟从自己的领地通过。布拉甘莎公爵只得绕道而行，阿方索五世听闻此事后十分不满，宣布佩德罗王子为叛逆者。

公元 1449 年，佩德罗王子聚集了自己的人马，领着一支小部队开赴里斯本，要对他遭到的指责进行辩解。但是阿方索五世却派军队出来截击，双方在阿尔法洛贝伊拉河畔相遇，随即展开战斗。数量庞大的国王军队死死地压制住佩德罗王子的随从人马。混乱中，一支利箭刺穿了佩德罗王子的胸膛，随后他的部队全军覆没。在很多方面极其有才能的佩德罗王子就这么死了，引起了整个欧洲的惋惜。

在这场战斗中，佩德罗王子没有得到人民的支持。10 年前拥立他为摄政王，拿起武器保卫他的里斯本的手工业匠人，在这场

◉ 日本画家绘制的葡萄牙帆船

公元 1543 年以后，葡萄牙势力开始进入日本，葡萄牙人被日本人称为“南蛮”，右图是 17 世纪初日本人绘制的葡萄牙帆船，现藏于神户市立博物馆。

战斗中采取了袖手旁观的态度。阿尔法洛贝伊拉战役与其说是内战，不如说是贵族们的报复，上层贵族阶级获得了彻底的胜利。

◎ 萨格里什城堡内的葡萄牙标志石柱

亨利王子后期的航海活动

佩德罗王子死后，亨利王子退居萨格里什，继续他的航海事业，然而阿方索五世对航海事业并不感兴趣，亨利王子将航海的主要任务做了调整，由地理发现变为勘测已知的河流和山脉，尤其是希望找到传说中的黄金盛产地。

公元 1460 年，亨利王子患病，11 月 13 日在萨格里什去世，享年 66 岁。亨利王子在公元 1415 年夺取休达城以来，便开始全身心地倡导和支持航海事业。因设立航海学校、奖励航海事业而被称为“航海者”。

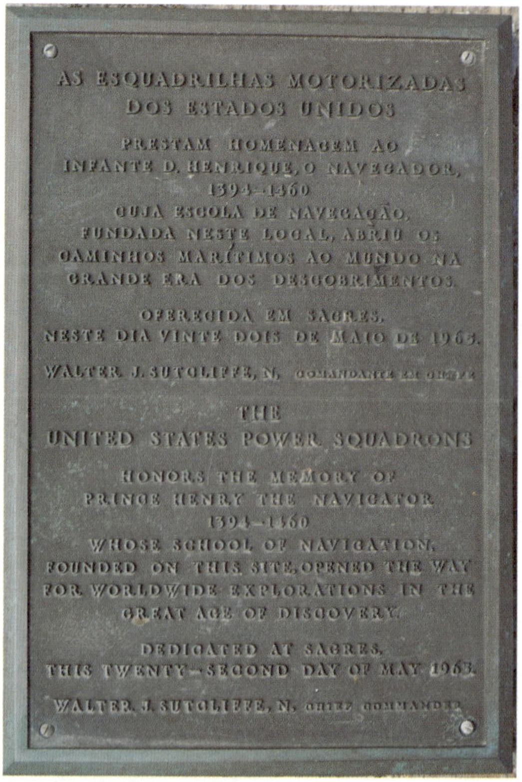

◎ 亨利王子事迹介绍牌匾

延伸阅读：“航海者”亨利王子

亨利王子生于公元 1394 年 3 月 4 日，全名唐·阿方索·恩里克，维塞乌公爵，是葡萄牙国王若奥一世和王后菲利帕的第三个儿子。据说他诞生时的星象预示他“必将进行伟大而高贵的征伐，更为重要的是，他必将发现他人无法看到的神秘的东西”。亨利王子从小学习战略和战术、外交艺术、国家管理、古代和现代的知识，而且博览群书。作为王子，亨利对政治不感兴趣，反而向往历险、战斗的生活。同时，他又是一个虔诚的基督徒，在他看来，对摩尔人的进攻、到未知的地域探索并把基督教带到那里是一个基督徒的职责。亨利王子终身未娶，他性格严谨而坚定，生活朴实。

公元 1415 年，亨利王子与众兄弟随父亲若奥一世突袭休达，后人把这看作是葡萄牙人，也是欧洲人向外扩张的开端。公元 1417 年，摩尔人的军队包围了休达，亨利王子又率领援兵来到休达，并在那里度过了 3 个月，这是改变世界历史的 3 个月。在这 3 个月里，亨利王子从战俘和商人口中了解到，有一条古老而繁忙的商路可以穿过撒哈拉大沙漠，经过 20 天就可以到达树林繁茂、土地肥沃的“绿色国家”，即当代的几内亚、冈比亚、塞内加尔、马里南部和尼日尔南部，从那里可以获得非洲胡椒、黄金、象牙。葡萄牙人对从陆路穿过沙漠是没有经验的，亨利王子有了一个大胆的想法，要从海路到达“绿色国家”。这一主张得到了国王若奥一世的赞同，若奥一世封他为“骑士”，随后亨利王子又被加封为“维塞乌公爵”以及“科威尼亚领主”。

◉ 马萨雷洛斯教堂上的亨利王子壁画－波尔图

亨利王子是葡萄牙亲王、航海家，因设立航海学校、奖励航海事业而被称为“航海者”。在他的支持下，葡萄牙船队在非洲西海岸至几内亚一带，掠取黄金和象牙，抓捕黑奴，并先后占领马德拉群岛等。

亨利王子对政治毫无兴趣，他到远离政治中心里斯本的葡萄牙最南部的阿尔加维省任总督，并在靠近圣维森特角的一个叫萨格里什的小村子定居下来，这个地方成了他以后几十年中到陌生地方进行探险的策源地。他在这里创办了一所航海学院，培养本国水手，提高他们的航海技艺；设立观象台，网罗各国的地学家、地图绘制家、数学家和天文学家共同研究、制订计划、方案；广泛收集地理、气象、信风、海流、造船、航海等种种文献资料，加以分析、整理，为己所用；建立了旅行图书馆，其中就有《马可·波罗游记》，还收集了很多地图，并且绘制了新的地图。

亨利王子还资助数学家和手工艺人改进、制作新的航海仪器，如改进从中国传入的指南针、象限仪（一种测量高度，尤其是海拔高度的仪器）、横标仪（一种简易星盘，用来测量纬度）。他把最大精力放在了造船上，为此他采取了许多优惠措施鼓励造船：建造 100 吨以上船只的人都可以从皇家森林免费得到木材，任何其他必要的材料都可以免税进口。经过努力，到了公元 1440 年，终于造出了适宜在大西洋上航行的船舶——卡拉维尔帆船。卡拉维尔帆船用阿拉伯三角帆和欧洲方形帆混搭，长宽比为 1:3.5。这种船船体小、吃水浅、轻便、灵活、速度快，可以在紧靠海岸的地方航行，不必为

航海纪念碑－最左边的带头人就是亨利王子

该航海纪念碑建于 1960 年，位于贝连塔附近，屹立于海边广场上，已成为葡萄牙的象征。该纪念碑为纪念航海家亨利王子逝世 500 周年而建。其外形如同一艘展开巨帆的船只，碑上刻有亨利王子及其他 80 位水手的雕像，船头站立者即为亨利王子，其后为其助手加玛，两旁是一些随同出发的航海家，以及葡国历史上有名的将军、传教士和科学家，颇具气势，以纪念葡萄牙开拓海洋的光辉历史。

了躲避暗礁和沙洲而远离海岸，这一点在以探索陌生海岸为目的的航行中尤为重要。

亨利王子唯才是举，吸收加泰罗尼亚、几内亚在内的各种族群，还资助里斯本大学开设航海学、天文学、几何学、地理学等学科，为葡萄牙培养航海的后备人才。除了基督徒之外，亨利王子冒着争议和风险，吸收了摩尔人和犹太人以及改宗基督徒作为自己的参谋团。因为摩尔人可以自由地往来于北非和西非地区，而且他们有很多基督教和伊斯兰教的双重知识。

亨利王子的事迹在葡萄牙到处都有，上图是用瓷砖记录的他参加公元 1415 年远征休达的故事。

亨利王子对航海的贡献不是亲自去探险，而是大力推动探险的进行。公元 1418 年，亨利派出了他的第一支仅有一艘横帆船的探险队，向南寻找几内亚，船被风吹向了西方，发现了马德拉群岛，这里后来成了葡萄牙探险队的落脚点和物资供应站。公元 1427 年，发现亚速尔群岛；公元 1434 年，亨利王子的远征队越过了博哈尔角；公元 1441 年，亨利王子的探险队发现布朗角（今毛里塔尼亚的努瓦迪布角）。同年，他派出的另一支探险队带回来 10 个黑人俘虏。这标志着欧洲人开始卷入黑奴贸易。

佩德罗王子被杀后，亨利王子淡出政坛，专心经营自己的航海大业。公元 1448 年，亨利王子派人在布朗角的阿尔金岛建立永久性的堡垒，以此为中心修建港口、市政厅、修道院，作为葡萄牙探险的贸易中转站，后来的葡萄牙海上帝国就是由这一个个散布在各个战略要地的贸易站和贸易站之间的海域组成的。他的理想是用几内亚湾地区的葡萄牙贸易站作为闸口，将印度洋到红海、埃及、阿拉伯等地的贸易线路穿过非洲牵引到几内亚湾，进而构建葡萄牙与东方的联系，这样不仅可以绕开威尼斯等海洋共和国，还有希望减少马穆鲁克埃及的贸易量，进而削弱其实力，最后减少十字军收复埃及的阻力。以武力垄断海上贸易路线、进而削弱对手经济的思路，就是从亨利王子这里开启的，垄断印度洋贸易的思路则指引着迪亚士、达·伽马、卡布拉尔等前赴后继，在印度洋上浴血奋战。

公元 1449 年以后，亨利王子组织的航海人员不再以地理发现为任务，而是要尽力勘探一些已经发现的大河，特别是冈比亚河，从而寻找基督国王约翰和黄金，但是航海人员并没有找到约翰和黄金，却发现了一些繁荣的黑人王国，并且听说远处还有更大的王国。

公元 1460 年 11 月 13 日，亨利王子病逝，标志着葡萄牙海上探险一个伟大时代的结束。亨利王子虽然一生中只有 4 次海上航行经历而且都是在熟悉海域的短距离航行，但他仍无愧于“航海者”的称号，是他组织和资助了最初持久而系统的探险，也是他将探险与殖民结合起来，使探险变成了一个有利可图的事业。在他 40 余年有组织的航海活动中，葡萄牙成了欧洲的航海中心，他们建立起了庞大的船队，拥有优秀的造船技术，培养了一大批专业的探险家或航海家，如果没有亨利王子，这一切是不可能出现的。他推动葡萄牙迈出了欧洲的大门，到未知世界进行冒险。

阿方索五世的扩张

若奥一世取得 1383 年革命的胜利后，国家进入恢复阶段，贵族阶级巩固了自己的地位，同时又夺得很大一部分权力。随着经济的发展，加上中产阶级中缺乏管理国家的人才，贵族阶级趁 15 世纪上半叶国王奉行专制政策的时机，也捞到了很大的好处。

积极响应教皇组织十字军的号召

公元 1458 年，葡萄牙开始了大规模的战争冒险。起因源于公元 1453 年奥斯曼帝国占领了拜占庭帝国（东罗马帝国）的首都君士坦丁堡，然后继续向中欧侵略，并包围了塞尔维亚帝国的首都贝尔格莱德。罗马教皇尼古拉五世下令组织十字军抗击异教徒，但欧洲各国对这一号召置之不理，唯有阿方索五世热烈拥护，愿意派遣 1.2 万名士兵参加反对奥斯曼人的战争，为期一年，军费自理。为了参战，阿方索五世着手进行战争准备，购买武器和船只，铸造了能在整个基督教世界流通的金币。阿方索五世只看到了每一次十字军东征中欧洲的国王和领主们所获得的财富和领土，他眼睛里完全没有看到十字军失败的教训。

阿方索五世进军北非

就在葡萄牙一切准备就绪的时候，公元 1455 年，号召十字军东征的教皇尼古拉五世与世长辞，阿方索五世兴师动众购置的军事物资，原以为可以在对抗奥斯曼帝

围攻君士坦丁堡 1453- 壁画

由于君士坦丁堡独特的地理位置，历史上曾多次被围攻。上图展示的是公元 1453 年奥斯曼帝国灭亡拜占庭帝国的攻城战，此战是典型的要塞攻防战，也是世界历史上一次令人震撼的战役。君士坦丁堡战役导致连接欧亚两洲的主要陆上贸易路线中断，令欧洲人开始考虑经海路到达亚洲的可行性，最终促成欧洲人发现新大陆。

国的战争中大捞一把的，没想到十字军东征的计划也因教皇尼古拉五世的去世而结束。因此，葡萄牙举国上下开始一致反对阿方索五世的决定，阿方索五世为了给人民一个交代，不至于让战备准备浪费了，于是命大军向北非进军，拉开了葡萄牙征服北非的进程，这也是他绰号“非洲人”的由来。

很快，葡萄牙大军顺利占领了在若奥一世时也曾占领过的休达和丹吉尔之间的一个海滨小城阿尔卡塞尔。亨利王子去世后，葡萄牙的航海派实力大为削弱，贵族们更加肆无忌惮，鼓动阿方索五世进一步入侵北非。阿方索五世亲自统帅大军两次进攻非洲。第一次是公元 1463—1464 年，进军至丹吉尔城，由于城墙坚不可摧，战争宣告失败。第二次是公元 1471 年，葡萄牙的军队占领了阿尔吉拉和被阿拉伯人主动放弃的丹吉尔。

阿方索五世统治时期的特点是国家的政策符合上层贵族阶级的利益，如国王对贵族大量的馈赠、设立新的贵族头衔，大量增添政府官员，由上层贵族担任王室的官职，靠分发王室的收入来增加贵族的俸禄和福利等。

◉ 葡萄牙进攻北非城市阿尔吉拉 – 挂毯

公元 1471 年，葡萄牙军队进攻北非城市阿尔吉拉。上图是比利时为葡萄牙国王生产的挂毯中关于这一战的细节。

阿方索五世入侵卡斯蒂利亚

在非洲扩张的胜利和对大贵族的宽宏大度，使阿方索五世在伊比利亚半岛的贵族中间赢得了崇高的威望。公元 1474 年，卡斯蒂利亚的国王恩里克四世去世，王位继承出现了纷争。卡斯蒂利亚王国一部分人支持恩里克的女儿胡安娜公主，另一部分人则支持恩里克四世的妹妹伊莎贝拉公主，两人同时称王，卡斯蒂利亚陷入王位继承战争中。胡安娜公主的母亲葡萄牙的胡安娜是阿方索五世的妹妹，因而她向哥哥求助，阿方索五世也觊觎卡斯蒂利亚的王位，因而很爽快地出兵帮助自己的外甥女。公元 1475 年，阿方索五世和外甥女胡安娜公主结婚，这样他就更名正言顺地介入卡斯蒂利亚王位继承战争了。

恩里克四世被称为“无能者”，这与他的性能力或性取向有很大的关系，他的四次婚姻中，只有一个女儿（胡安娜），而这个女儿很可能是他第二任妻子葡萄牙的胡安娜与贝尔特兰·德·拉·库瓦的私生女，而非恩里克四世亲生的。特别是他与第一任妻子纳瓦尔的布兰卡的婚姻长达 15 年，在布兰卡被休后，人们发现布兰卡居然还是处女，于是当时人们纷纷揣测恩里克四世的性能力与性向（有人怀疑他是同性恋），甚至有人认为这是教皇对恩里克的诅咒。

事实上，当时伊莎贝拉公主已经和阿拉贡的王位继承人费尔南多王子结婚，倘若她登上卡斯蒂利亚国王的宝座，就意味着这两个王国的合并，这样势必打破伊比利亚半岛各国间力量的平衡。干涉卡斯蒂利亚王位继承问题，将是解除葡萄牙最大隐患的机会。

于是阿方索五世带领军队开始侵入卡斯蒂利亚，最初葡萄牙国内还有部分大贵族支持他，但是战事并不顺利，军费开支越来越庞大，看不到希望的贵族们开始一个接着一个退出，支持者越来越少。

公元 1476 年，阿方索五世在托洛城附近与卡斯蒂利亚的大军遭遇，两军爆发战斗，打得很激烈，葡萄牙军队战败，阿方索五世还在这场战斗中受了伤。

此后，阿方索五世放弃了对卡斯蒂利亚王位的野心，葡萄牙和卡斯蒂利亚把重心都放到了扩张疆土和殖民事业中去了。

葡萄牙的历史学家认为托洛城之役并不是决定性的，但是卡斯蒂利亚的历史学家的看法则相反，他们认为这场战斗的胜利是决定性的。托洛城之役之后，葡萄牙国王夺取卡斯蒂利亚王位的野心就此破灭了。

⊙ 阿方索五世入侵卡斯蒂利亚战役之托洛城之役

在公元 1476 年的托洛城之役中，涌现了一名可歌可泣的英雄，他的名字叫作阿尔费雷斯。当时由于战局混乱，卡斯蒂利亚骑兵试图夺取葡萄牙王旗，而阿尔费雷斯是旗手。面对敌军的包围，阿尔费雷斯紧握王旗；敌人挥剑削下了他的右手，他便用左手继续高举大旗；敌人挥剑又削下了他的左手，他便用两个手臂护住王旗，同时用牙齿紧紧咬住旗杆，宁死也不让敌人夺去这面旗帜。周围的士兵见状深受感动，奋力拼杀，保护着这位英雄旗手和王旗突出了重围。

第五章 葡萄牙兴盛的开始

公元1481年，阿方索五世去世，其子若奥二世继位。若奥二世统治时期（1481—1495年），葡萄牙国内发生了根本性的政治变化。若奥二世的敌人骂他是暴君，但拥护他的人则称他是十全十美的国王，是当时欧洲盛行的政治实用主义派的突出代表人物之一。

若奥二世整顿王朝秩序

若奥二世继位后首先整顿葡萄牙的秩序，压制贵族特权，使葡萄牙变成一个井井有条的君主专制王国。同时大力发展航海事业，若奥二世时期葡萄牙的航海事业突飞猛进，若奥二世作为一个优秀统治者，为葡萄牙迅速扩张做好了一切准备。航海技术的发展和地理大发现使葡萄牙逐渐进入了殖民掠夺的时代。

阿方索五世遗留下来的贵族问题

由于阿方索五世时期统治不严，贵族们胡作非为，猖狂至极。他们已经越过了法律上应享的权利和特权的范围，甚至发展到在国家土地上无视国王的管辖权，私设法庭，为所欲为地处理司法案件。人民通过议会提出控诉，可是阿方索五世软弱无能，对此漠不关心，完全不制止贵族们的篡权。贵族们逐渐侵犯城市的司法权和所有权，硬要插手于他们无权过问的城市事务。主教在世俗事

◉ 完美君王－若奥二世

若奥二世是大航海时代的开创者，在位期间，他大力支持开辟通向印度的新航路。

务方面基本上与贵族们沆瀣一气，他们把亲戚朋友或家臣门客安插在城镇的行政机关。这些人不顾法律，只按照他们主子的旨意办事。贵族和教士认为，只要他们高兴，就有权让任何罪犯在他们的领地上避难。他们常向农民强借牲畜、农产品，甚至金钱，却不偿还这些债务，因为他们有权把告状的农民关进监牢，严刑拷打。他们大量搜刮农村粮食，囤积居奇，于是不可避免地造成粮荒，然后投机倒把，打开粮仓高价卖出。

若奥二世的政治路线

若奥二世执行的政治路线是严格限制大贵族、大富豪的权力，但是在同贵族和富豪的斗争中他不想依靠平民的力量。他认为他的政治权力就在于他的王室机构，运用平民的力量对抗贵族的时代已经过时。若奥二世不允许他人瓜分、限制他国王的权力，在他登上国王宝座的最初几年之内，便消除了一切障碍。

布拉甘莎公爵被斩首

由于若奥二世开始压制贵族的权力，插足他们土地上的事务，大贵族开始反对国王，作为皇亲国戚的布拉甘莎公爵的弟弟蒙特莫尔侯爵，给卡斯蒂利亚女王伊莎贝拉一世写信，建议她的军队入侵葡萄牙并推翻若奥二世的统治，但是这封信被若奥二世的密探截获。

结果几乎占有国家一半土地的大地主、大贵族布拉甘莎公爵被认为参与了这次阴谋，他被若奥二世逮捕，在埃武拉广场被当众审判并斩首。布拉甘莎家族从此家破人亡，庞大的家产划归王室所有。

若奥二世之所以大力提倡航海，是因为当时奥斯曼帝国时刻威胁着欧洲的安全，而处于非洲东部的阿比西尼亚王国（今埃塞俄比亚）早在罗马帝国时期就皈依了基督教；如果能联系到这个王国，能与其合作，形成南北夹攻的态势，对欧洲来说不能不说是一大好处，所以教皇也一直支持着葡萄牙、西班牙的地理大发现。

众所周知，公元 1453 年，奥斯曼帝国占领了君士坦丁堡，此举震惊了欧洲基督教的世界，奥斯曼军队继续西进，公元 1456 年，包围了贝尔格莱德。整个欧洲世界慌乱了，教皇下令各国组织十字军对抗异教，但是祸不单行的欧洲，除了奥斯曼人，还有塞尔柱突厥人的军队，欧洲各国对教皇的呼吁也是置若罔闻。
但是葡萄牙热烈地回应着教皇，迅速组织了一支 12000 人的军队，但是随着教皇的过世，这支军队只得开到北非，占领了阿尔卡塞尔。

◉ 埃武拉广场上的教堂

埃武拉是一座历史古城，始建于公元 3 世纪罗马帝国统治时期，当时面积不足 1 平方千米，长期为罗马军队驻地。罗马帝国灭亡后，埃武拉曾先后被西哥特人和摩尔人占领，其间城市规模开始扩大，建筑风格体现出哥特式和阿拉伯特色。

在欧洲有一个流传很久的传说，那就是在印度存在着一位基督教的圣人，他以贤良的品德和虚怀若谷的精神，在异教的世界中传播着基督的福音，并且还建立了基督的王国。在葡萄牙，人们称这位圣人为“印度的普莱斯特·若奥”。寻找他的所在成了西欧的热门话题。于是在香料的诱惑和这个传说的刺激下，从若奥二世开始，向印度航行就变成了葡萄牙全国的目标。

若奥二世最早兴建的工程之一是米纳城堡（1481 年），它成了葡萄牙在非洲海岸进行贸易开发的基地。通过非洲南部到达印度洋的计划也是这时详细制订的。

许多上层贵族被处死，剩下的逃亡异乡

第二年，有人揭发王后的弟弟维塞乌公爵阴谋造反，若奥二世也毫不留情地将他处死了，牵连到这个案件中的葡萄牙教会的埃武拉主教，也被若奥二世毒死在牢狱里。

这场阴谋牵涉的人众多：伊比利亚半岛上最有钱的富翁、犹太人伊扎克·阿布拉瓦内尔也受到指控，说他资助了这场阴谋，他被迫躲逃到了国外；拥有无限权力的若尔热·达·科斯塔大主教也出走罗马，再也没有返回葡萄牙。

通过这场血腥的清洗运动，若奥二世可以毫无阻拦地施展自己非凡的政治才能了。他首先改组了国家行政管理机构，将各项大权牢牢掌握在了自己的手里；其次是同欧洲许多国家建立了正式的外交关系。

探寻好望角

早在公元 1474 年，还未继承王位的若奥二世就已开始亲自领导航海事业，成了商人和航海者的保护者，由于他这种支持航海发现的开明政策，他又被称为“完美太子”，即使在他继位以后，这个称号也一直保留了下来。

若奥二世支持航海的目的十分明确：绕过非洲抵达印度。与此同时，若奥二世开展了强有力和巧妙的外交活动，其中就专门针对和卡斯蒂利亚在非洲的贸易殖民竞争而签订了《阿尔卡索瓦斯条约》。该条约规定：“非洲待开发地区以加那利群岛的平行线为界线分成南北两个部分，北部由西班牙去发现，南部由葡萄牙开发。”自公元 1481 年若奥二世继承葡萄牙王位后，他对海洋事业就更加的热衷了。

航海家迪奥戈·高抵达印度洋的大门口

公元 1482—1483 年，若奥二世组织了一次重要的远航，船队由航海家迪奥戈·高率领，目的是寻找一条通向印度洋的航道。迪奥戈·高这次发现的海岸线确实比先前任何一次

⊙ 葡萄牙探险家狄奥戈·高

15 世纪 80 年代狄奥戈·高沿非洲西岸进行了两次航行，成了第一个发现并深入非洲第二大河刚果河考察的欧洲人，也是第一个到达西南非洲的鲸湾（今纳米比亚附近）的欧洲航海家。

航行中发现的海岸线都长，最远到达了安哥拉的南部。在这里他们看到海岸线改变方向，向东路延伸。根据古希腊人编写的地理书，一些地图也确实把非洲的最南端大致定在这个纬度。迪奥戈·高带着好消息返回葡萄牙，若奥二世称赞迪奥戈·高是葡萄牙人民的英雄，封他为贵族，并授予他一枚盾牌标志勋章。

第二年，葡萄牙大使在罗马教廷发表演说，宣布葡萄牙国王若奥二世的船队已经抵达印度洋的大门口。与此同时，若奥二世授命迪奥戈·高继续完成他的伟大使命，因为根据古希腊的地理资料，再往南就是世界的尽头了。迪奥戈·高在里斯本修整了几个月后便开始了第二次远航。公元 1486 年，船队来到上次到达的地方后，又向南航行了大约 1300 千米，但仍旧没有找到通往印度洋的航道。

◉ 抵达刚果河的狄奥戈·高

◉ 狄奥戈·高的勋章

公元 1475 年，葡萄牙人狄奥戈·高发现了安哥拉的全部海岸，并且在刚果河口和圣奥古斯丁角立碑纪念。同时自安哥拉带了一批黑人奴隶，返回葡萄牙。
公元 1483 年，狄奥戈·高又回到安哥拉，并且赢得了刚果王的友谊。
公元 1491 年，另外一支葡萄牙舰队也驶抵安哥拉，并且深入刚果河以西约 190 千米的刚果王首府。
公元 1575 年，葡萄牙人开始占领刚果以南的地区，并且建立了罗安达城，同时还征服了几个土著部落，使白人慢慢地移民安哥拉。在以后的 50 年时间中，葡萄牙人逐渐扩张地盘。
公元 1640—1648 年间，荷兰人曾经攻占这里的一些重要港口，后来又被葡萄牙人收复。

⊙ 葡萄牙探险家狄奥戈·高的石碑铭文

对于狄奥戈·高的死有两种说法：一种权威说法是他死在了克罗斯角，此图就是他的石碑铭文。另一种说法是他回到了刚果，并将一名当地使节带到了葡萄牙。

⊙ 石头十字架

在西南大西洋约50米处竖立的这个石头十字架，是为了纪念葡萄牙航海家迪亚士而建的纪念碑，他是第一个在非洲南端航行的欧洲人，也是开辟通往印度海上航线的先驱。

迪亚士发现好望角

公元1487年8月，葡萄牙航海家巴尔托洛梅乌·缪·迪亚士率探险队，奉若奥二世之命从里斯本出发，探索绕过非洲大陆最南端通往印度的航路，寻找一条通往马可·波罗所描述的东方"黄金乐土"的海上通道。当船队航行至大西洋和印度洋交界的水域时，海面狂风大作、惊涛骇浪，差点使整个船队覆没。船队在大西洋被风暴驱使着航行了13天。风暴停止后，船队想靠岸，于是向东航行，可是却找不到陆地。迪亚士意识到船队已经驶过了非洲的最南端。于是船队调转方向向北航行。

⊙ 迪亚士博物馆中的碑文

◉ 迪亚士发现好望角纪念币

几天之后，船队看到陆地，非洲海岸线开始向东延伸，意味着他们正在驶向印度洋，这正是葡萄牙人梦寐以求的通向印度洋的航道。迪亚士本想继续沿海岸线东行，无奈疲惫不堪的船员们归心似箭，反对继续前进。迪亚士在当地的海岸线竖立一个标识柱后，下令返航。

在返航途中，他们发现了上次风暴中没有看到的好望角。

据说他们这次绕过好望角的时候又遇到恶劣天气，于是感慨万千的迪亚士将其命名为“风暴角”。后来若奥二世把它改名为“好望角”，因为它给葡萄牙的航海事业带来了新的希望。

根据遭遇到的风暴经历，迪亚士意识到绕航好望角应采用船身较圆的新船代替旧帆船。于是迪亚

◉ 摩塞尔湾

公元 1488 年年初，在寻找好望角的途中，一场大风把迪亚士吹离了航线，就在他们终于又见到大陆时，发现了今天南非共和国的摩塞尔湾。

作家优若斯在描写这一激动人心的时刻时写道：“船员们惊异地凝望着这个隐藏了多少世纪的壮美的岬角。他们不仅发现了一个突兀的海角，而且发现了一个新的世界。”

◉ 好望角

好望角根本不像它的名字那样美好，因为此地多暴风雨，而且海浪汹涌，所以最初的时候叫风暴角。

士向若奥二世提出建议，并获得了若奥二世的大力支持，命他监制新船，这耗费了好几年的时间。

在迪亚士造船期间，若奥二世任命艾斯特旺·达·伽马负责船队下一次的航行。按照若奥二世雷厉风行的风格，他本应该加紧筹备以尽快从新航道到达印度，然而在筹备船队去印度期间，若奥二世遭受了家庭的不幸，这不仅关系到他个人，而且对阿维什直系家族是一个致命打击。若奥二世的王位继承人阿方索王子骑马摔死了。关于航海的很多事情都被拖延了下来，以至于若奥二世去世三年后，艾斯特旺·达·伽马的儿子瓦斯科·达·伽马才率领船队到达印度。

⊙ 探索中的达·伽马－油画

达·伽马全名瓦斯科·达·伽马，是从欧洲绕行好望角到达印度航线的开辟者。

阿方索王子的妻子阿拉贡的伊莎贝拉在曼努埃尔一世继位后便改嫁于他，成为他的王后，后难产而死，其子米格尔两岁时夭折。在她去世后，她的妹妹阿拉贡的玛丽亚嫁给姐夫曼努埃尔一世，生有七子三女，其中包括日后的葡萄牙国王若奥三世和恩里克一世，以及神圣罗马帝国皇后葡萄牙的伊莎贝拉。

阿方索王子坠马身亡

若奥二世有两个孩子，分别是阿方索王子和私生子若尔热·德·兰卡斯特列。若奥二世希望在阿方索王子继位后，使阿维什王室的权力和威望达到高峰。

若奥二世让阿方索王子与阿拉贡国王费尔南多二世与卡斯蒂利亚女王伊莎贝拉一世的女儿订婚，这是若奥二世的如意算盘，因为这个女孩有权利继承父亲的阿拉贡王国和母亲的卡斯蒂利亚王国。

若奥二世希望阿方索王子的孩子能把整个西班牙半岛继承下来。公元 1490 年年轻的阿方索王子与阿拉贡的伊莎贝拉完婚。但是 8 个月之后，阿方索王子纵马奔驰时坠下马来，不久就死去了。

将要继承王位的阿方索王子从马上摔死了，若奥二世的堂弟、贝雅公爵曼努埃尔被最先提出来作为王位的继承人。曼努埃尔是维塞乌公爵的弟弟，这个公爵因为担任过贵族的首领，被若奥二世处死。因此曼努埃尔的登基意味着大贵族世家的权力将得到恢复。若奥二世极力反对曼努埃尔继承王位，他前去罗马斡旋，企图立他的私生子若尔热·德·兰卡斯特列为继承人。但是若奥二世的对手，无论在国内还是国外都拥有相当强大的力量，使他的计划未能实现。

哥伦布发现新大陆

当葡萄牙人稳扎稳打地沿非洲西海岸向南大西洋挺进，绕过非洲开辟去印度、东方的新航路时，大名鼎鼎的航海家、探险家、发现者哥伦布提出了开辟另一条去印度、东方的新航路的方案——即从西欧向西横渡大西洋，到达印度、亚洲的东海岸。

若奥二世这时虽然还年轻，可是经过丧子打击，再也没有完全恢复过来。这次打击既夺去了他的继承人，又夺去了他家族世系延续的希望。

哥伦布被葡萄牙拒绝却被西班牙认同

哥伦布首先向葡萄牙王室提出向西航行的建议和计划。若奥二世认为到达印度的大门已经打开，没有必要放弃并再花费大量金钱和人力物力资助哥伦布完成看上去白费功夫的探险，而且根据葡萄牙地理学家的计算，还是向东航行更近一点，所以若奥二世拒绝了哥伦布的资助请求。于是哥伦布转而

◎ 印度人听达·伽马介绍外面的世界－油画

◉ 游说西班牙双王的哥伦布 – 油画

在葡萄牙碰壁的哥伦布又去了西班牙，费尔南多二世和伊莎贝拉一世女王认真听了他的计划，但由于国内经济困难，伊莎贝拉一世拿出了嫁妆用来资助他的探险。

求助于西班牙王室，经过坚持不懈的努力，哥伦布分别于公元 1486 年 5 月和公元 1491 年 12 月得到西班牙女王伊莎贝拉一世的召见，并在王室财政顾问、大商人桑塔赫尔的帮助下，最终使向西航行的计划得到批准。

哥伦布在儿童、少年时代没有受过什么正规教育，帮父亲干活和经营小店铺。而哥伦布幸运地到达葡萄牙是他一生的主要转折点，使他从一个小工、小贩、小水手转变为一个航海家和探险家。哥伦布开始接触上流社会，跟随他人航海，后来有了独立策划和筹备重大远航探险的能力。葡萄牙和里斯本当时是欧洲航海事业的最主要国度和中心。哥伦布在这里获得了远洋航行的技术和经验，学到了许多天文、地理、水文、气象知识，掌握了观测、计算、制图的技术。

哥伦布并不是第一个提出向西航行到达东方的人，但他是把设想付诸实践的第一人。

圣萨尔瓦多意为神圣的救世主，这个岛屿就是现在巴哈马群岛中的华特林岛。哥伦布首次登陆的是华特林岛东南 105 千米处的萨马纳岩礁，他以为自己已经到了印度。

哥伦布发现美洲让若奥二世懊恼不已

公元 1492 年 8 月 3 日，哥伦布的探险队从西班牙的帕洛斯港启航。哥伦布率领船队先向南偏西航行，航行到 9 月 9 日，陆地已经完全消失在船队的视野里了。从不见陆地的第一天起，哥伦布开始隐瞒真实航速和航程，预防船员因航程过长、离开陆地过远而惊慌。

一直到公元 1492 年 10 月 12 日上午，哥伦布的船队经过 30 多天不见陆地的航行，终于抵达新大陆并顺利登陆一座长约 13 英里（21 千米）、最宽处约 6 英里（9.7 千米）的珊瑚岛。当地的印第安人称为瓜纳哈尼岛，哥伦布将其命名为“圣萨尔瓦多”岛，意即神圣的救世主。

哥伦布一行上岸后，便举行了占有仪式，宣布以西班牙国王和女王的名义占有该岛，并让随行人员做了公证和记录。哥伦布一行在岛上遇到了印第安人，他们还处于原始社会后期（新石器时代）。

哥伦布生性张扬，由于曾被葡萄牙国王若奥二世拒绝，在他发现美洲回来的时候，特意停靠在里斯本，觐见了若奥二世，一通吹嘘后，把“印度的黄金、香料”吹得天上有、地上无，然后又旁敲侧击地说国王如何不信任他，这让若奥二世懊恼不已。

◉ 回程述职的哥伦布－油画

回程后，哥伦布带回了他的战利品，但是仅有少量的黄金和不是胡椒的“胡椒”。

接下来哥伦布又探寻到好几个岛屿，他都以为那是中国海边的岛。

公元 1493 年 1 月 16 日，哥伦布的船队开始返航。不料返航途中遇到风暴，他们被迫驶向葡萄牙，在里斯本湾外的海岸靠岸，上岸后，哥伦布与迪亚士见了面，然后又去拜见了若奥二世。若奥二世这时对他当初拒绝哥伦布的建议和条件后悔不迭。3 月 15 日，哥伦布的船队陆续回到出发地帕洛斯港。至此，人类历史上意义空前的 224 天的远航探险结束。哥伦布给欧洲带回了在大西洋西岸

公元 1492 年 10 月 12 日是世界历史上重要的一天，洪都拉斯、巴西、厄瓜多尔、委内瑞拉、智利、哥伦比亚、巴拉圭、哥斯达黎加、巴哈马、美国等十几个国家把这一天或这一天前后定为美洲发现日——哥伦布日，予以纪念。西班牙则定其为国庆节，予以庆祝。

哥伦布以为他们到了亚洲的东部边缘，便把这一带称为西印度群岛，还让当地居民有了一个跟他们毫不相干的名字——印第安人。哥伦布认为圣萨尔瓦多岛是日本群岛的外围岛屿。

◉ 哥伦布登陆美洲 – 油画

哥伦布在美洲既没有发现黄金珠宝，也没有找到文明、富庶的日本、中国、印度的迹象。然而他们却在这里发现了植物黄金——烟草。从此西班牙人学会了抽烟，随着殖民扩张，烟草被带往世界各地，吸烟也开始风靡全球。

在大航海时代，罗马教廷积极配合西班牙、葡萄牙的海外殖民掠夺，宣布异教徒是“神赏给信徒的产业”。15—16世纪西班牙、葡萄牙在非洲的传教事业有了很大的发展，而他们回馈给非洲人民的是掠夺和灾难。有一个非洲土著基督徒说，以前葡萄牙人有基督教而无黄金，我们有黄金而无基督教。现在是他们有黄金而我们只有基督教。

根据哥伦布的估计，西班牙占了大便宜，因为他把美洲当成了印度，所以他认为整个印度洋和香料产地东亚地区都在西班牙的半球内。但据葡萄牙天文学家的推算，他们的半球从安的列斯群岛开始，到印度海域为止，印度完全处在葡萄牙的扩张地区之内。事实证明，葡萄牙计算得更准确，是哥伦布错把美洲当成了亚洲。尽管西班牙失去了控制印度的机会，却得以在美洲的土地上大展身手，掠夺了无数的财富。

发现陆地和居民的轰动消息，地理大发现的第一条重要新闻通过几十种语言的翻译迅速传遍整个欧洲。

《托尔德西拉斯条约》——葡萄牙与西班牙瓜分世界

根据之前《阿尔卡索瓦斯条约》的规定，加那利群岛的平行线，博哈多尔角以南的归属权属于葡萄牙，所以若奥二世对哥伦布说，他到达的“印度”属于葡萄牙。但西班牙国王坚持“谁发现、谁占有”的原则，认为他们享有新发现土地的主权。

葡萄牙认为西班牙破坏了《阿尔卡索瓦斯条约》，更何况葡萄牙比西班牙更早到达印度的海岸。于是葡萄牙准备以军事远征来夺取哥伦布所发现的土地。

西班牙见自己的果实快被葡萄牙占有，于是请求教皇亚历山大六世解决这个争端。为了调解葡萄牙和西班牙争夺新土地的纠纷，公元1494年，教皇亚历山大六世实行仲裁，两国签订了《托尔德西拉斯条约》，同意在佛得角以西 370 里格处划界，史称“教皇子午线”。把世界分为两个半球。竖线以西新发现的土地归西班牙所有，竖线以东新发现的土地归葡萄牙所有。

这是近代西方人第一次瓜分世界，由此葡萄牙和西班牙划分好了势力范围，开始了殖民掠夺的竞争。

◉ 古老的印第安人－木刻

印第安人是除对因纽特人外的所有美洲土著的统称，并非单指某一个民族或种族。印第安人分布于南美洲和北美洲各国。他们所说的语言有上百种，一般统称为印第安语或美洲原住民语言。

在航行途中，水手们发现罗盘磁针向西偏移。哥伦布由此初步发现了磁差，测量了磁偏角，即地磁南北极与地理南北极之间存在的偏差，地磁子午线与地理子午线之间的夹角。哥伦布的发现和解释对航海家、人文学家、地理学家和物理学家都有启发和帮助。

16 世纪到美洲的欧洲殖民者大量奴役甚至屠杀了印第安人。

◉ 1494 年的教皇子午线

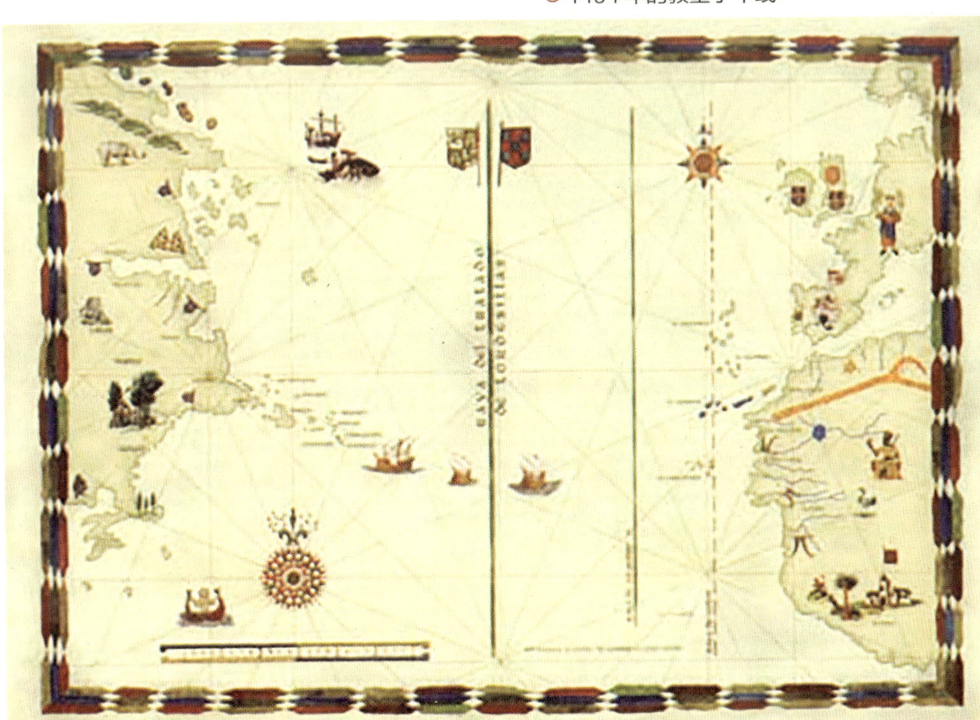

◉ 罗马教皇亚历山大六世

罗马教皇亚历山大六世在位期间的公元 1493 年，曾为葡萄牙与西班牙划定了殖民扩张分界线，即教皇子午线。

◉ 罗马教皇尼古拉五世

公元 1481 年，葡萄牙、西班牙两国在罗马教皇尼古拉五世的主持下，签订了《阿尔卡索瓦斯条约》，规定：加那利群岛以南和几内亚西面及其附近将要找到的或取得的一切岛屿属于葡萄牙国王所有。

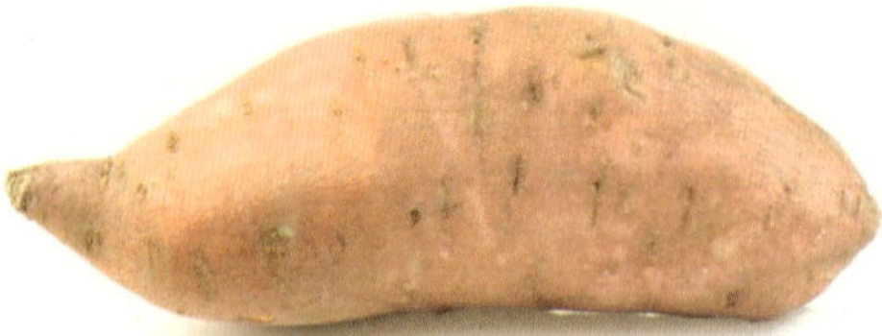

◉ 番薯

番薯起源于墨西哥以及从哥伦比亚、厄瓜多尔到秘鲁一带的热带美洲。哥伦布回到西班牙后，将番薯赠予西班牙女王伊莎贝拉一世，获得女王的赞许。之后，16 世纪初，西班牙已普遍种植甘薯。后来西班牙水手把甘薯携带至菲律宾的马尼拉和摩鹿加岛，然后再传至亚洲各地。

◉ 玉米

玉米学名玉蜀黍，俗称棒子、玉茭、苞米、苞谷，原产于拉丁美洲的墨西哥和秘鲁沿安第斯山脉一带。哥伦布发现美洲大陆后，在第二次归程(1499 年)中，把玉米带到了西班牙。随着世界航海业的发展，玉米逐渐传到了世界各地，成为最重要的粮食作物之一。

◉ 哥伦布发现烟叶

公元 1492 年，哥伦布第一次踏上新大陆时，受到了美洲印第安部落的热烈欢迎，当地人带来了水果、食物和长矛等礼物，其中包括干烟叶等。这些干烟叶具有独特的气味，哥伦布马上意识到它是一种珍贵的财宝，因为同行的伙伴吸这个上瘾了，于是古巴的干烟叶被带回了西班牙。

第六章
葡萄牙的全盛时期

公元 1495 年，葡萄牙国王若奥二世去世，曼努埃尔一世继位。曼努埃尔一世是由于意外才当上葡萄牙国王的，而且他刚一继位就迎来了葡萄牙东方贸易的全面兴盛，他挑选了一批人才去进行海外殖民扩张，由此成就了葡萄牙的黄金时代。

开辟通往印度的新航线

曼努埃尔一世继位后，若奥二世时期远航印度的航行计划再次提上议程。在他的坚持下，议会终于同意这次的计划。

瓦斯科·达·伽马率 4 艘远征船出发

葡萄牙国王若奥二世曾任命艾斯特旺·达·伽马负责筹备

◉ 达·伽马于公元 1498 年抵达卡利卡特

◉ 伯利恒圣母堂大门前的圣母像

伯利恒圣母堂又被称为圣哲罗姆派修道院，公元 1450 年由亨利王子主持修建，他热衷于航海探险，是葡萄牙航海时代的奠基人，达·伽马在远行开辟印度新航线前曾到这里祷告。

探索印度的工作，在准备工作快结束的时候，艾斯特旺·达·伽马和若奥二世相继去世了，于是新国王曼努埃尔一世重新任命了艾斯特旺·达·伽马 28 岁的儿子瓦斯科·达·伽马率领远征队探索印度航线。公元 1497 年 7 月，达·伽马在迪亚士的陪同下，在航海家亨利王子创建的伯利恒圣母堂做了祈祷后，率 4 艘远征船从特茹河上里斯本南面不远的雷斯特洛出发了。这 4 艘远征船分别是旗舰“圣加布里埃尔”号、“圣拉斐尔”号、“贝里奥”号和一艘没有命名的三桅帆船。

达·伽马本人亲自指挥旗舰“圣加布里埃尔”号，阿伦克尔统领船员。“圣拉斐尔”号由达·伽马的兄弟保罗·达·伽马指挥。“贝里奥”号的指挥官是尼科劳·科埃略。那艘没有命名的三桅帆船则装载食品，由伽马家族的一个家臣贡萨洛·努内斯指挥。

这 4 艘船上共有 170 人。迪亚士乘一艘葡萄牙轻快帆船在第一段航程中陪同他们到佛得角群岛，然后向东航行，去边防要塞运送补给。

越过迪亚士远航中竖立的最后一个标柱

与迪亚士分开后，达·伽马率领船队继续沿非洲大陆向南航行，开始他们是靠近海岸行驶的。可是在刚果河以南，他们发觉有一股沿着海岸线向北的洋流使他们的行船速度大大地减慢了。因此，达·伽马决定一路向南大胆驶入南大西洋。他们在大洋里绕了半个大圈，往南行驶，直至遇到西风把他们吹向东面的好望角。船队在 11 月 22 日绕过好望角，慢慢地越过迪亚士远航中竖立的最后一个标柱，并沿着东非海岸向北驶去。这时由于缺少食物和淡水，不少人得了坏血病，他们必须立即找到有人烟的地方。

⊙ 曼努埃尔一世

贝雅公爵曼努埃尔是维塞乌公爵的弟弟，和布拉甘莎家族一样，都被若奥二世打压过。贝雅公爵曼努埃尔即位后，公元 1496 年布拉甘莎家族恢复，旅居国外的贵族纷纷返回葡萄牙。

几经凶险，终于获得补给

达·伽马指挥着船队继续往前航线，公元 1498 年 1 月，他们在克利马内河口第一次看到了人烟的迹象。当船队靠岸后，他们才知道到达了莫桑比克，当地人见到达·伽马的船队很是热情，但是得知他们是基督教徒后就改变了态度，因为这里是伊斯兰地区，港口内停泊着许多阿拉伯人的船只，为了不招惹麻烦，达·伽马只得赶紧离开这个港口。船队继续向前航行，这年的 3 月底，达·伽马的船队在消耗了大量补给品后，按照惯例凿沉了伴随航行的补给船，仅以 3 艘船只轻装前行。这些船只的人员薄弱，但却承载了葡萄牙人对于新世界的所有期待。这时候船上有很多病人急需救治，好不容易又见到一个城市，于是再次靠岸。

这里是伊斯兰城市蒙巴萨，一听说达·伽马一行是基督教徒，当地的穆斯林就开始暴怒了，整个远征队差一点被当地人暗算，在摆脱了临时聚集的穆斯林船只后，他们继续向北航行，于 4 月 14 日驶向蒙巴萨的竞争对手城市马林迪。

◉ 达·伽马于公元 1498 年 4 月到达马林迪

公元 9 世纪开始，阿拉伯人就到莫桑比克北部和中部沿海进行贸易。公元 11 世纪，波斯人曾一度取代阿拉伯人在此贸易，但他们都未能在内陆建立统治。
达·伽马到达莫桑比克沿岸后，公元 1505 年葡萄牙人用武力驱逐了在索法拉的阿拉伯人，建立了在此地的第一个殖民据点。两年后占领莫桑比克岛。

马林迪并不在印度，它的位置与印度是相反的，达·伽马到达这里后，用里斯本的石头做了一个十字架的标志，代表着基督，也代表着通向印度的道路。

当地的统治者虽然也是穆斯林，但出于打击竞争对手的目的与葡萄牙人表示友好。他们优待了葡萄牙人，而且马林迪的统治者还亲自到葡萄牙人的船上去看望了远航者们。船队在这个港口待了 10 天，病人得到了医治，淡水、食物等得到了补充，达·伽马决定冒险横渡印度洋去印度。

◉ 马林迪的纪念碑

这根柱子是葡萄牙探险家瓦斯科·达·伽马在公元 1498 年建造的，是非洲最古老的欧洲建筑之一。它的主要目的是引导船只经过这里到达印度。

阿拉伯商人一直控制着印度洋的贸易，达·伽马还是满载而归

当达·伽马开始最后一段航程时，船队专门在马林迪雇用了资深领航员艾哈迈镕·伊本·马吉德。这位出生于阿拉伯半岛阿曼地区的领航员，是当时著名的航海学专家。在他的带领下，达·伽马的船队航行比较顺利，于公元 1498 年 5 月 20 日在印度卡利卡特的港口实现了欧洲船队在此地的第一次停靠。

达·伽马决定要给予卡利卡特的印度统治者萨摩林一个良好的印象，因为葡萄牙人是来买香料，并不是来征服的。然而阿拉伯商人一直控制着印度洋的贸易，他们丝毫不愿与新来的基督教徒分享他们的垄断权。这对达·伽马来说是件很麻烦的事。

◉ **艾哈迈镕·伊本·马吉德**

艾哈迈镕·伊本·马吉德是阿拉伯人中最棒的水手，他向达·伽马提供了有关洋流和季风的准确知识，由他带领着葡萄牙的舰队，从非洲好望角附近找到从非洲东海岸到印度的航路。他撰写了近 40 篇诗歌和散文作品，被阿拉伯人称为“海洋之狮”，数百年来一直被视为穆斯林水手的守护神。

◉ 西班牙星盘 – 制造于公元 1200 年左右

从达·伽马踏上印度海岸开始，欧洲人和阿拉伯人之间就展开了一场竞争，竞相夺取与印度商业贸易的主导权。

阿拉伯人和中国人在卡利卡特从事香料贸易，使得这座港口城市逐渐开始繁荣起来。

达·伽马会见卡利卡特的当地首领时，带的是12件棉衣、10顶帽子，4串珊瑚、6个脸盆，一袋蔗糖、两个木油桶和两罐蜂蜜。其实这是经历大风大浪之后，他的船队仅有的值钱的东西，这给当地人留下了非常贫穷的印象。

之后的3个月里，达·伽马的小型远征部队一直待在卡利卡特，一来是为寻求贸易，其次也是在进一步打探印度地区的情报。但在这段时间里，达·伽马和他的属下都过得并不顺利。阿拉伯人对这一伙葡萄牙人恨之入骨，他们指控葡萄牙人是前来侦探的海盗掠夺者，结果葡萄牙人开始受到严格的监视和控制，当地人根本不与他们交易，他们甚

◉ 公元1572年的卡利卡特港

卡利卡特在中国古籍里称为古里，是印度南部喀拉拉邦第三大城市，为昔日的马拉巴尔地区的一部分。这座城市因为是中国明代的郑和与葡萄牙的达·伽马两位东西方航海家共同的登陆地点及去世地点而著名。

我国航海家能安然无恙的原因

在大航海时代，欧洲水手在海上航行时最怕的不是巨浪风暴，而是坏血病。坏血病的病因是缺乏维生素 C。因为在海上航行长期吃不到蔬菜水果就会患上坏血病。

但是，同样是海上航行，同样是航行数年，为什么郑和一行人却没有得坏血病呢?

这就不得不说到我们中国人的伟大智慧。首先，在郑和出海的时候，他们会带上豆子，然后在上面淋点水，就能够长出豆芽……豆芽中含有大量的维生素 C; 不仅如此，中国人喜欢喝茶，尤其是绿茶，维生素 C 的含量也不少，再加上在航线选择上郑和是带着和平和友谊去的，当地人能够让他们补充生活物资，郑和的船队绝对不会长时间吃不到水果蔬菜，所以郑和的水手就不会受到坏血病的困扰。

至不被允许开船回国，部分登岸的船员被当局扣留。一筹莫展的达·伽马仍然不想用自己手头微弱的兵力轻启战端，不过他很快找到了对策。当几位印度教贵族上船尝试贸易时，他果断下令将他们扣留，并做出要拔锚起航的姿态。萨摩林马上用扣押的葡萄牙人交换了这些重要人质，并允许葡萄牙船队立即起航离开。

◉ 与阿拉伯人交易的达·伽马

临行前，达·伽马收到了萨摩林写给曼努埃尔一世的信件："只要能得到金、银、珊瑚和红布，愿意建立贸易关系。"这样简短而刻板的客套话，仍然让达·伽马一行人备受鼓舞。

公元 1498 年 8 月 29 日，达·伽马在留下少数几名联络人在当地建立他们在印度地区的第一个商站后，就带着船队匆匆起航回国了。在经过卡利卡特的北方邻居坎纳诺尔时，葡萄牙人终于在当地进行了友好的贸易，获得了香料、肉桂和五六个印度奴隶。

虽然损失惨重，但是伟大的航行发现了真正的印度

返航回国途中，达·伽马船队中的船员接连地因热病和坏血病而死亡。船队缺乏人手操作帆船，不得已在莫桑比克附近把"圣拉斐尔"号抛弃并烧毁。船

◉ 葡萄牙航海纪念碑中排第 3 位的达·伽马

队在经过马林迪时，达·伽马还在这里建立了一座纪念碑，这座纪念碑在当代还矗立着。

剩下的"圣加布里埃尔"号和"贝里奥"号在公元1499年3月20日绕过了好望角。其中较小的"贝里奥"号7月10日到达里斯本，达·伽马则到9月9日才回来。因为他把他垂死的兄弟保罗·达·伽马送到了亚速尔群岛，希望那里的气候能使他恢复健康，结果无效。

达·伽马的这次伟大的航行历时两年以上，出发时的170人，回来的不到三分之一。但是葡萄牙与东方建立了联系，那是真正的印度，而西班牙号称在大西洋彼岸所发现的"印度"其实是不毛之地，未免相形见绌。

在葡萄牙的航海史上，我们经常可以看到这种现象：重大航行的指挥员总要换人。这是为了不让某个航海家得到太多的荣誉，以免他骄傲自满，造成麻烦。而且有趣的是，重大的航行往往任命一些名不见经传的年轻贵族（如卡布拉尔）为统帅，同时让有经验的、已得到很大荣誉的航海家当其助手。

葡萄牙国王曼努埃尔一世非常高兴

虽然达·伽马带回来的货物数量不多，但价值已经是此次航海行动费用的好几倍，可见葡萄牙航海事业的前途有多么光明。葡萄牙国王曼努埃尔一世兴高采烈地迎接归来的达·伽马，给予他各种奖赏和荣誉，达·伽马到死都是印度海军上将和维迪格拉伯爵，并拥有高官职相对应的大笔财产。

◉ 佩德罗·阿尔瓦雷斯·卡布拉尔－雕像

卡布拉尔于公元1467年出生于葡萄牙里斯本，是一位葡萄牙航海家，被认为是最早达到巴西的欧洲人，曾任葡萄牙王室参事。

◉ 达·伽马的出海－挂毯

◉ 葡萄牙航海纪念碑中的卡布拉尔

同时，曼努埃尔一世神气十足、炫耀地写信给西班牙的费尔南多二世和伊莎贝拉一世，说他派出去的人带回了肉桂、丁香、生姜、肉豆蔻和其他香料，此外还得到了很多宝石，并且找到了金矿。这一切贸易目前都在穆斯林手里，但它是能够转移到基督教徒手里来的。

意外发现巴西

达·伽马开辟了通往印度的新航线，葡萄牙国王曼努埃尔一世明白葡萄牙的航海贸易事业必须立即继续进行。因此，公元 1500 年 3 月 8 日，曼努埃尔一世派出一支由 13 艘组成、能承载 1200 多人的大船队去印度，新任的指挥官是佩德罗·阿尔瓦雷斯·卡布拉尔。发现好望角的迪亚士则担任其中一艘船的船长。这次航行的目的地就是印度。这支贸易性的大船队不仅可以从印度拉回大批商品，必要时还可以同可能遇到的海盗战斗。

无意间闯入了一个未知的海域，发现了巴西

本来卡布拉尔沿着达·伽马发现的航线前进，船队在离开佛得角群岛以后，为了利用风向穿过南大西洋和绕过好望角，转向西行。后来船队在南半球陷入了一个无风的海区，被南部的季节性海流推到了较远的海域。换言之，他们把这个往西南航行的弧圈划得太大了，以至无意间闯入了一个未知的海域。

在公元 1456 年葡萄牙人到达之前，佛得角群岛尚无人居住，之后，佛得角群岛成为葡萄牙的一部分。由于该群岛位于非洲外海，成了重要的港口，也成了重要的奴隶贸易中心。

◉ 卡布拉尔于公元 1500 年在巴西的塞古罗港靠岸

公元 1500 年 4 月 22 日，船队在今天巴西里约热内卢稍北的塞古罗港附近望见巴西海岸。葡萄牙人把新发现的地方叫作圣克鲁斯，一时不能确定它是海岛还是大陆。但有一点他们是肯定的，这块地方的位置是在 6 年前葡萄牙与西班牙签订的《托尔德西拉斯条约》所规

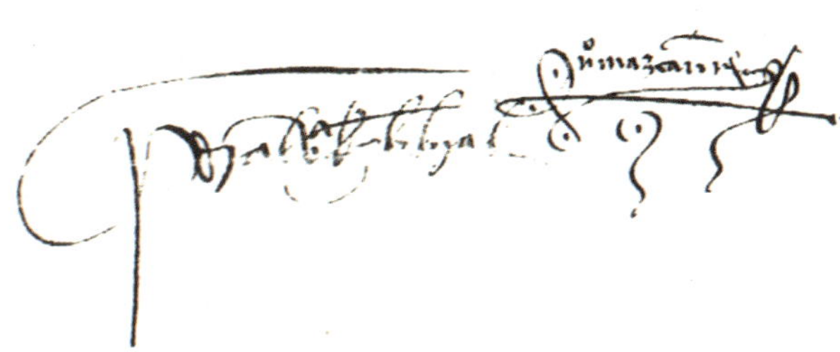

◉ 卡布拉尔的签名

卡布拉尔将巴西命名为“真十字地”，并且在出发去好望角之前，声称这片土地为葡萄牙所有。随后他沿海岸航行，在繁荣的科钦附近建立了另一个居住点。

定的分界线以东，因此隶属于葡萄牙。卡布拉尔派一艘船回里斯本去报告这一发现，他自己则指挥着其余船只按照计划绕过了好望角。5 月 12 日，在好望角附近遇到大风暴，有 4 艘船被毁，不幸伤亡的人员中有一个恰好是发现好望角的迪亚士，命运之神又一次没有让他见到印度。

卡布拉尔虽然遭到了当地人的驱赶，但是依旧获得了大量的货物

公元 1500 年 9 月，卡布拉尔按照达·伽马的经验，在肯尼亚领土上的马林迪靠岸，并在当地雇用了阿拉伯领航员，帮助他们横渡印度洋到达了印度的卡利卡特。

由于阿拉伯商人和宗教势力的阻挠，当地居民拒绝与他们做生意，并袭击了上岸的葡萄牙人，约有 50 个葡萄牙人被打死。卡布拉尔向这座城市开炮，还放火烧了几十艘阿拉伯人的船只。由于力量不足，他无法征服这座城市，于是转向附近的科钦、坎纳诺尔等地。这些城市与卡利卡特不和（当时的印度处于分裂状态），把大批辣椒、肉桂等调味品及乳香、麝香、樟脑等卖给葡萄牙船队。到卡布拉尔回国的时候，他已经为葡萄牙在印度洋南部沿海的一些地方建立霸权打下了一定的基础。

在公元 1502 年之后的几年里，葡萄牙每年都派出远征队到印度，每一支远征队都因战争影响、船只失事和疾病侵袭而遭受严重损失，但每一次都带回了大量的香料。

◉ 葡萄牙贝尔蒙特城堡

贝尔蒙特城堡是卡布拉尔生活的地方，右图所示是 1970 年安哥拉印刷厂印制的贝尔蒙特城堡的邮票。

打破了阿拉伯人和威尼斯商人对东方贸易的垄断

公元 1501 年 7 月底，卡布拉尔的船队回到了葡萄牙。此次航行他们先后损失 6 条船和许多人员，但卖掉运回的香料后，赢利超过了这次冒险支出的 2 倍。总的来说，卡布拉尔这次出行是成功的，不仅发现了巴西，为葡萄牙以后在拉丁美洲赢得了一个巨大的落脚点，而且其中一艘被风吹散的船还发现了马达加斯加岛。这次航行还意味着阿拉伯人和威尼斯商人对东方贸易的垄断被打破了，但要巩固这一成果，还需要葡萄牙人继续努力：他们只有用武力控制印度洋，才

依靠第四次十字军东征发家的威尼斯，此时已经在印度洋上建立了完美的贸易网络，要打破威尼斯人的垄断并非易事。

当葡萄牙和西班牙瓜分整个东方世界的时候，威尼斯海军则在侵吞拜占庭帝国的领土，获得了爱琴海内的许多岛屿，包括克里特岛和埃维亚岛。而以前是十字军据点的塞浦路斯则于稍后的公元 1489 年被威尼斯吞并。威尼斯通过控制海上的航运线来实现对东方贸易的垄断。
这种情况一直持续到 16 世纪纪初。

⊙ 坎迪诺平面球形图（局部）

坎迪诺平面球形图又称坎迪诺世界地图，是现存最早的显示葡萄牙在东方和西方地理发现的地图。它以费拉拉公爵的一个特工阿尔贝托·坎迪诺的名字命名，他于公元 1502 年成功地将其从葡萄牙偷带到意大利。该图细节展示的是形如大母鸡的巴西海岸。

⊙ 达·伽马出发之前－油画

根据惯例，新船队出发前举行了宗教仪式。在里斯本肃穆的大教堂举行的弥撒上，达·伽马被正式授予东印度海军司令的头衔，并披挂了象征帝国霸业与战争的装束。他身披深红色绸缎斗篷，戴着银项链，右手拿着出鞘利剑，左手拿着王旗，跪在国王面前。国王将一枚戒指戴到他的手指上。这是起航前的最后一个仪式，之后便可以直接驶出港口。

能真正打破阿拉伯人和威尼斯人对东方贸易的垄断。这是葡萄牙建立帝国的又一个决定性因素。

葡萄牙人垄断印度洋的贸易

卡布拉尔回国后，葡萄牙马上组织了一支更大的舰队，准备去征服印度洋。曼努埃尔一世重新起用了达·伽马，任命他为这支舰队的统帅。

舰队于公元1502年2月出发，之前葡萄牙探险队的每一次航行都是为了发现和贸易，然而这以后葡萄牙的每一次航海都带着殖民目的，由此拉开了葡萄牙对伊斯兰世界和印度的战争序幕，所以这次葡萄牙舰队20艘船中有15艘装备着大炮。这是一次血腥的航行，通过这次航行，葡萄牙殖民帝国开始形成。

◉ 葡萄牙船上的大炮

达·伽马船队配置了大量的船舷大炮，海上作战时的威力巨大，如果船舷大炮同时发射，能使得敌舰瞬间失去战斗力。

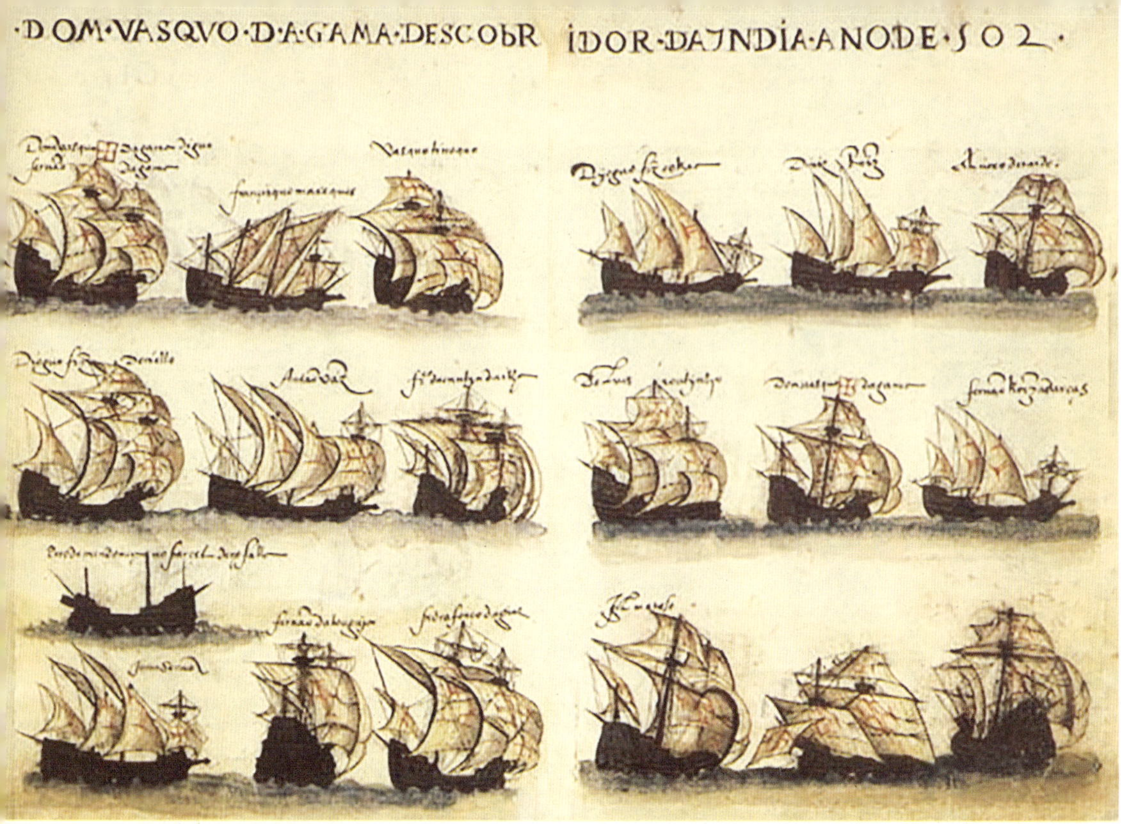

◉ 与卡利卡特开战的第四舰队

进入卡利卡特的是达·伽马带去探险的第四舰队。这支舰队的主要任务是与卡利卡特扎莫林王国结盟，当然，结盟的手段不是很友好，不仅如此，还要报复当地人曾经对葡萄牙人的屠杀。

在那个时代的探险家之中，达·伽马是相当幸运的，因为每次出航都取得了“成功”，因而受到了国王的优厚待遇，这次回来他还得到了伯爵的头衔。此后多年他没有再参加什么探险活动。

印度洋上建立的第一个据点

达·伽马的舰队绕过好望角后沿非洲东海岸北上，在今天坦桑尼亚的南部港口基卢瓦停靠，该城的苏丹上船拜访达·伽马，却被扣押在船上，然后以处死相威胁，在不得已的情况下，基卢瓦城的贵族们筹集了大量财富，并且约定向葡萄牙称臣，每年向葡萄牙进贡，才换回了苏丹，这是葡萄牙人以武力在印度洋上建立的第一个据点。

“米里”号事件

在接近印度时，达·伽马的舰队袭击了一艘从麦加驶往印度卡利卡特的船只“米里”号，船上有380多名去麦加朝圣后回家的人，包括许多妇女和儿童。葡

◉ 基卢瓦城在葡萄牙时期建立的城堡

萄牙人抢劫了这些乘客的财物和船上的货物，然后达·伽马下令把船员和乘客全部关进船舱并烧船。有些人冲了出来，把燃烧的木板向葡萄牙人的船只投过来，葡萄牙人不敢靠近这艘船，只能隔舷战斗。一些着火的人发狂似的跳入大海而死。这场惨剧持续了4天，达·伽马下令从船上救出20名男孩，其余的全被烧死。这些被救出的男孩后来被运回葡萄牙，要他们皈依基督教。一位在场的葡萄牙人这样记载："在持续了长时间的战斗后，指挥官以最残暴和最无人性的手段烧毁了'米里'号，烧死了船上所有的人。"

◉ 阿拉伯三角帆船

三角形的船帆最早是由阿拉伯人发明的，通常用斜三角帆。与横帆不同的是，它可以在船的横位上做幅度大得多的转向，甚至可以与船的长轴成一线，有人称之为纵帆船。纵帆船逆风行驶时，先向一个方向转，然后再转向另一个方向，像盘山公路一样沿"之"字形蜿蜒向上。

迫使卡利卡特人臣服

采用残酷血腥的手段迫使非西方民族屈服，这是老殖民主义者惯用的手法。他们惯用的另一种手法是，利用被征服民族的内部矛盾，让当地人打当地人，以解决自己兵力不足的问题。殖民经验丰富的葡萄牙人非常熟悉这一套。

达·伽马这个老练的殖民主义者使用这些手法已是得心应手，葡萄牙人几次来到卡利卡特，都遭到阿拉伯商人和当地人驱赶，于是达·伽马与卡利卡特临近的坎纳诺尔的统治者结成同盟，率舰队进攻卡利卡特。他用极其残忍的手段来开始他的军事行动，以此摧毁卡利卡特人的自信心。他先把38个卡利卡特渔民吊死在桅杆上，然后炮轰卡利卡特城。夜里，他命令把吊死的人取下来，砍下他们的头、手和脚，把身躯扔

"米里"号受马穆鲁克苏丹所托，运载当地有名的富商朱哈尔·法去朝圣。"米里"号的结局被历史学家认为是葡萄牙入侵伊斯兰世界的信号，虽然达·伽马的本意可能并非大开杀戒，但是他以恐怖手段震慑敌人的同时，也将葡萄牙置于一个充满竞争、满载仇恨的环境中。

"米里"号事件之后，达·伽马的舰队继续在印度洋上航行，同时向盟友索要给养和相对廉价的香料。

进大海，但把砍下的头、手和脚堆在一艘小船上，并在小船上放上一封信，信上说如果城里有人反抗，那么全城的人都要落得这样的下场。海潮把满载尸体躯干的小船送到了岸边，看到这样的惨状，卡利卡特人都很恐惧，第二天，达·伽马下令再次向城里开炮，然后用 7 艘船封锁卡利卡特，另外派 4 艘船分两批到其他地方抢劫香料。

卡利卡特的战船与葡萄牙人进行了两次战斗，但都被打败了，此后就一直紧闭城门，并被迫向葡萄牙人称臣。

◉ 达·伽马纪念邮票

该图是 1969 年发行的达·伽马纪念邮票，图中标出的非洲和亚洲部分地区的地图，显示了达·伽马从非洲到东方的路线。用以纪念探险家达·伽马诞辰 500 周年。

葡萄牙的武装力量和野心对全世界的海洋贸易构成威胁。公元 1502 年 12 月，忧心忡忡的威尼斯人组建“卡利卡特委员会”，针对葡萄牙的行为请求开罗的苏丹采取行动。

葡萄牙开始全面控制印度洋

达·伽马达到了此次航行的目的，对印度的威慑政策初见成效。公元 1503 年 2 月，他的舰队乘着东北季风满载着香料启程回国。8 个月后他们回到了葡萄牙。

达·伽马的第二次印度之行是葡萄牙全面控制印度洋的一次重要行动。公元 1503 年他离开印度时，在印度留下了几艘船只，在亚丁湾附近的海面巡航，掠夺从红海驶往印度洋的阿拉伯船只，以此破坏埃及与印度间的贸易。达·伽马回国后，葡萄牙国王曼努埃尔一世每年都派新的舰队来印度，目的就是彻底摧毁阿拉伯人与印度各港口间的贸易，控制印度洋。

◉ 占领卡利卡特——19 世纪木版画

公元 1503 年 2 月 12 日达·伽马迫使卡利卡特称臣。

阿尔梅达摧毁阿拉伯人和印度人的联合舰队

到了公元1505年，葡萄牙已经垄断了印度全部的贸易，并逼迫印度一些小国成为附属国。为此，葡萄牙国王曼努埃尔一世专门设立了印度总督的职位，任命兰西斯科·德·阿尔梅达为第一任印度总督，派他在非洲和印度的重要关卡建设要塞据点。葡萄牙可以凭借这些据点保护附属国，也可以作为基地搜集和储存香料，方便装运。

◎ 阿尔梅达在印度总督府前的雕塑

阿尔梅达率舰队沿特茹河而下

公元1505年3月，阿尔梅达率领一支由20艘船组成的舰队离开里斯本。这些船是船头和船尾都有建筑物的大帆船，有三四根桅杆和许多船员，在这其中就有后来成了伟大航海家的麦哲伦。这些船上有受过军事训练的水手和1500个穿着甲胄的士兵，还有200来个炮手，以及各种各样的工匠。这支舰队拥有随时修复受损船只的能力。此外，舰队还负责沿途传播基督教。舰队起航前，曼努埃尔一世在教堂里亲手将一面绣有上帝十字架的白绸缎做的新旗交给阿尔梅达，阿尔梅达跪着接过旗帜。所有出征军人做过忏悔和接受圣餐后，都跪着向

◎ 兰西斯科·德·阿尔梅达

曼努埃尔一世宣誓效忠，然后列队穿过城市向港口进发。在告别礼炮的轰鸣声中，舰队沿特茹河而下，缓缓驶向海洋。

阿尔梅达控制了红海贸易通道

阿尔梅达的任务是夷平所有印度和非洲的穆斯林人控制的贸易城市，在沿途的关键港口设立堡垒，派武装人员驻守，保护葡萄牙到印度的航线。他还需要消灭埃及和印度的海军，严密控制一切港湾，不让非葡萄牙的船只运走一颗香料。

◎ 藏于葡萄牙的印度工艺品

◎ 葡萄牙火枪手 -18 世纪插画

◉ 阿尔梅达的第七舰队

当时的东西方贸易大体上有两条海路，一条是横穿印度洋的阿拉伯海，经红海，由于苏伊士运河 19 世纪中期才开通，当时都是走一段不太长的陆路到地中海。另一条是从印度洋经波斯湾走陆路到地中海。

阿尔梅达沿途将东非沿岸几个城市抢劫一空，并在东非的基卢瓦建立了一个要塞，然后又在印度科钦设立了一个葡萄牙的采购站，实际上是葡萄牙在印度的贸易中心。另外阿尔梅达命令葡萄牙的舰艇经常在阿拉伯海上出没，猎获海上来往的阿拉伯和波斯（萨珊王朝）的船只。渐渐的阿尔梅达带领的葡萄牙海军控制了横穿印度洋的阿拉伯海、经红海的海上贸易通道。

◉ 16 世纪的科钦城

◉ 科钦战役中指挥穆斯林军队的主帅杜阿尔·帕切科

“霍尔木兹”一名来源于葡萄牙人。公元 1506 年葡萄牙殖民者来到这里后，发现这一带贸易兴隆，就用葡语命名为 Ormucho，意为这里金子多，后来 Ormucho 就演变为海峡名。随后阿方索·德·阿尔布克尔克占领了这里。

◉ 霍尔木兹城在战火中被摧毁的堡垒

阿尔布克尔克占领了霍尔木兹城

另一条东西方贸易的海路，是从印度洋经波斯湾走陆路到地中海，葡萄牙虽然控制了红海的入海口，还要控制波斯湾的入海口，才能真正垄断印度洋上的贸易。要进一步控制印度洋，必须控制波斯湾，占领扼守霍尔木兹海峡的霍尔木兹城。由于此时阿尔梅达沿途建立据点，战线已经拉得太长，所以他向曼努埃尔一世请求增援。

公元 1507 年，阿方索·德·阿尔布克尔克奉命率舰队前往霍尔木兹海峡支援阿尔梅达。阿尔布克尔克沿途抢劫烧毁两岸的村庄，打死了许多阿拉伯人，又下令割掉所有被俘人员的鼻子。残忍的葡萄牙人还砍断男人的右手，割掉女人的耳朵。阿尔布克尔克下令炮轰波斯人的船只，然后占领了霍尔木兹城，在这里建立要塞，强行征税。于是葡萄牙人暂时成了波斯湾的主人。不过没多久，这里又被穆斯林夺回。直到公元 1515 年，阿尔布克尔克征服马六甲后，又重新夺取霍尔木

◉ 世界第三大地毯——霍尔木兹岛上的彩色土地

在 2011 年，波斯湾的伊朗霍尔木兹岛创造了世界第三大地毯。1600 平方米的地毯是由岛上 30 余种不同颜色的天然土壤制成。

关于“霍尔木兹”名字的由来，另外两种说法：一种说法是，公元 1100 年阿拉伯人在海岛上建立了霍尔木兹王国，该海峡由此得名。另一种说法是，霍尔木兹岛是波斯萨珊王朝第四位国王的名字，“霍尔木兹”在波斯语中意为“光明之神”。

◉ 霍尔木兹海峡地形图

霍尔木兹海峡是连接中东地区的重要石油产地波斯湾和阿曼湾的狭窄海峡，也是阿拉伯海进入波斯湾的唯一水道。海峡北岸是伊朗，有阿巴斯港；海峡南岸是阿曼，是如今出口原油的通道之一，全球大约 1/3 的海运原油从这里驶过。

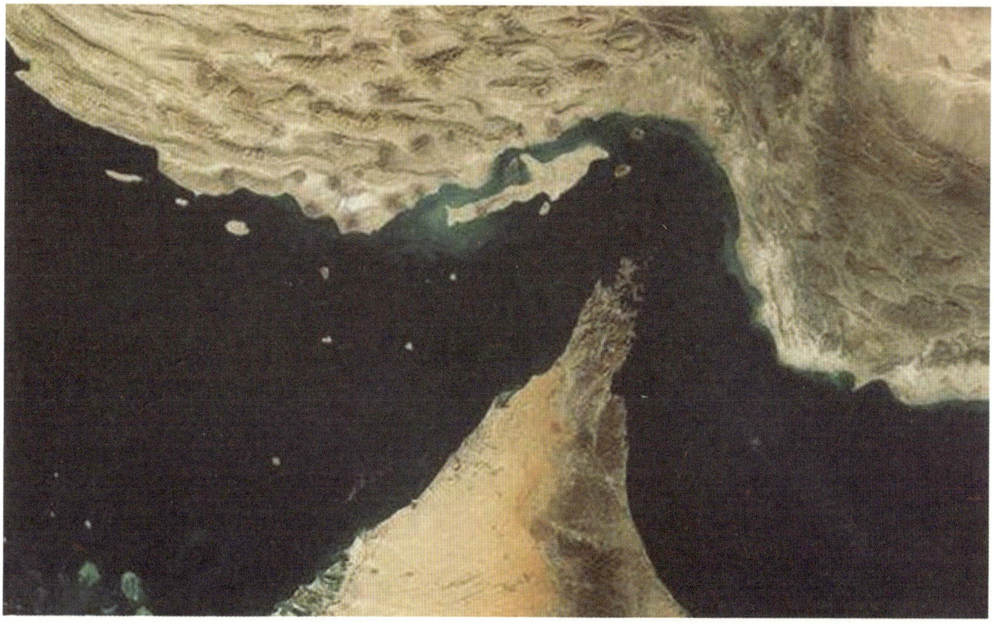

◉ 公元 1500—1510 年里斯本影像

在 16 世纪初，里斯本是一个生机勃勃、喧嚣嘈杂而又风云激荡的地方。东印度的财富滚滚涌入塔霍河两岸的码头，富有的企业家、精神抖擞的商人、买卖人、水手和冒险家在香料气息和奢侈品的吸引下，纷纷抵达“新威尼斯”。

兹要塞，此后葡萄牙牢牢地控制了波斯湾的贸易，占领着这个要塞达上百年之久。

伊斯兰国家结成大同盟

阿拉伯商人和印度洋周边各地居民之间虽然向来缺乏团结，但也一直过着比较安静的生活，自从葡萄牙人入侵后，他们都感到了来自异域的危险。这些伊斯兰国家纷纷抵制葡萄牙人的入侵，但收效甚微。葡萄牙人的野蛮和凶残，加上他们抢夺并控制印度洋的贸易，使得这些国家的财源日渐萎缩，迫使伊斯兰国家结成大同盟。

这个同盟的主要支柱是埃及的马穆鲁克苏丹国和古吉拉特，还有几个小国也加入了同盟，其中包括处于葡萄牙印度总部附近的卡利卡特，它可以起到侦察、监视的作用。

◉ 阿方索·德·阿尔布克尔克

阿方索·德·阿尔布克尔克也被称为“东方恺撒”“海上雄狮”和“葡萄牙战神”，是一位葡萄牙贵族，海军将领，其军事和政治活动形成了在印度洋的葡萄牙殖民帝国。他在去世前不久被葡萄牙国王曼努埃尔一世授予第一位“果阿公爵”的称号，成为第一位并非出身王室的葡萄牙公爵和第一个葡萄牙海外领地的贵族。

基督教徒在印度洋的第一次战败

伊斯兰同盟筹备了舰队，准备袭击葡萄牙的印度总督阿尔梅达。阿尔梅达的儿子洛索伦·德·阿尔梅达提前得到消息，率舰队攻占了卡利卡特，解决了身边的威胁。

随后洛索伦奉命带领舰队去北方，监视古吉拉特和埃及的马穆鲁克苏丹国，这时候埃及人在威尼斯的帮助下，在红海上建立了一支舰队，这支舰队联合古吉拉特，袭击了在阿拉伯海北部巡航的洛索伦的舰队。葡萄牙人以寡敌众，虽然英勇作战，但还是战败了，洛索伦战死，葡萄牙的船也被古吉拉特人抢走。这是基督教徒在印度洋的第一次战败。

古吉拉特是位于印度最西部的一个邦，接壤巴基斯坦。自古就以商业发达闻名。“古吉拉特”一词有人认为是由梵语“古尔贾尔”（瞿折罗）的变音“古贾尔”发展而来；另有一种说法是“古贾尔”的后裔。

第乌岛位于印度古吉拉特邦的卡提阿瓦半岛南部沿海，是印度最大的岛屿，此处也作为大型中转港口使用。

洛索伦战死后，阿尔梅达愤恨欲狂，准备替儿子报仇，集中自己的全部军力欲与伊斯兰同盟决一死战。此时阿方索·德·阿尔布克尔克奉命前来接任印度总督。但阿尔梅达为了给儿子报仇，不愿离职，拒绝阿尔布克尔克在这个时候接任。

第乌海战

葡萄牙的商人于16世纪抵达果阿，不久即占据该地，打压印度教徒及穆斯林，导致该地多数人口归信天主教。

公元1509年，阿尔梅达率舰队与另外一支由洛佩斯·德·塞克伊拉率领的葡萄牙舰队一起，准备讨伐伊斯兰同盟的联合舰队。塞克伊拉率领的葡萄牙舰队原本只是路过这里去往更远的东方马六甲，见到阿尔梅达讨伐伊斯兰同盟的兵马与对方差距过大，就加入了进来。

葡萄牙大军在第乌岛附近遭遇了伊斯兰同盟的联合舰队，爆发了历史上有名的第乌海战，双方经过激烈的战斗，葡萄牙舰队打败了伊斯兰同盟的联合舰队，获得了完全的胜利，数量并不占优势的葡萄牙舰队打败了被征服民族的庞大武装，击毁了大部分埃及船只，古吉拉特很快投降，并保证履行葡萄牙人提出的一切条件。

这次作战中，葡萄牙人出动了19艘船只、1800多名士兵，而失败的一方出动了20多艘船和2000多名士兵。当时东西方武器的差异并没有很大，何况埃及人还得到了威尼斯人的帮助，所以葡萄牙人得胜的关键是其将士的素质，而失败的一方可能是因为缺乏统一的指挥、内部意见分歧和彼此观望等。

阿尔梅达成功报了仇，葡萄牙人暂时结束了穆斯林、印度人和威尼斯人的威胁。阿尔梅达的胜利使葡萄牙人大受鼓舞，曼努埃尔一世把他召回国。

航海纪念碑中的阿尔布克尔克

◎ 葡萄牙克拉克船队驶过岩石海岸

第乌海战是葡萄牙与埃及马穆鲁克苏丹国、卡利卡特扎莫林和古吉拉特苏丹的联合舰队为争抢香料贸易权的海战。

第乌海战中葡萄牙人以少胜多，以 18 艘船、1800 多人的兵力打败了阿拉伯人和印度人的联合舰队，而自己几乎没有任何损失。此战标志着基督教和伊斯兰教的对抗从地中海地区发展到了印度洋地区，也导致了伊斯兰国家失去了对印度洋的绝对统治权。

阿尔梅达将印度总督之位交给阿方索·德·阿尔布克尔克，只带几艘随行战船回国复命，在返国途中，他在好望角与霍屯督人的冲突中被打死。

◎ 第乌海战中与葡萄牙对峙的马穆鲁克苏丹阿里·古尔

◎ 霍屯督人

霍屯督人主要分布在纳米比亚、博茨瓦纳和南非。一般认为属于尼格罗人种科伊桑类型，但更像是远古蒙古人种的残存后代。

◉ 马穆鲁克遗留的画作

马穆鲁克，阿拉伯语意为“被占有的人”“奴隶”，故又称奴隶王朝。这个国家在14世纪是极盛时期，到15世纪之后逐渐走向衰落。

果阿成了葡萄牙东方殖民活动的中心

第乌海战之后，葡萄牙人称霸印度洋的时机终于到来了，阿方索·德·阿尔布克尔克接过了葡萄牙印度总督的职位。

夺取果阿

葡萄牙在果阿的殖民统治延续了约450年，直至1961年被印度用武力夺得其主权。

阿尔布克尔克想要寻找一个城市作为葡萄牙东方政府的首府、堡垒和支柱，印度西海岸的果阿成为阿尔布克尔克理想的据点。于是他上任的第一个行动便是进攻果阿。公元1510年3月他占领果阿，但由于大批印度支援的军队

◉ 优素福·阿迪尔·沙阿－果阿16世纪初的首领

葡萄牙人来到果阿之后，在当地盟友的帮助下，于公元1510年击败了统治这里的苏丹优素福，他们在果阿（或旧果阿）建立了永久定居点。这是葡萄牙在果阿统治的开始。

逼近果阿，加上城内居民并不臣服于他，分析敌我兵力情况后，阿尔布克尔克只得暂时放弃了刚占领的果阿。同年10月底他再次聚集大军攻占这座城市，为绝后患他下令处死了城内所有的阿拉伯男子、妇女和儿童。他在给葡萄牙国王曼努埃尔一世的信中说杀死了6000人。

果阿城完全满足了阿尔布克尔克的需求和期望，它很快替代卡利卡特成为印度海岸上的商业中心。从此，果阿成了葡萄牙人在东方进行殖民活动的中心。

在印度西海岸建立了一系列要塞

有了果阿城作为总督府，阿尔布克尔克还在印度西海岸另外建立了一系列要塞，建立起对这一带主要港口城市的统治。这个时期，通往印度各地海岸的主要航道都处在葡萄牙军队的控制下，没有他们的允许，任何商船都不准在印度洋上航行。

对于未经许可而擅自在他们控制区内航行的船只，葡萄牙人毫不留情地加以击沉或将其抢劫一空。对这些船上的船员，他们像对待海盗一样严厉地加以惩处。

除了印度西海岸及通往印度各地海岸的主要航道被葡萄牙控制了，甚至连东非的一些阿拉伯城市，为了免遭战祸都开始向葡萄牙人纳贡。阿尔布克尔克还深入到阿拉伯半岛西部的许多港口，甚至威胁吉大港。

◉ 吉大港

吉大港原为渔村。阿拉干人、阿拉伯人、波斯人和葡萄牙人先后到此贸易。从9世纪开始，阿拉伯人就已经与吉大港通商了。
16世纪这个地区被葡萄牙和海盗控制。
公元1666年莫卧儿帝国驱逐了葡萄牙人，此地被莫卧儿帝国侵占。

◉ 果阿最早的地图 –1509 年

果阿就是如今的果阿邦，是印度被侵略后建立的一个邦，位于以生物多样性著称的西高止山脉。果阿首府位于帕纳吉，而最大的镇是达•伽马城。

葡萄牙继续巩固在印度洋上的霸权

此后，葡萄牙继续巩固在印度洋上的霸权。16 世纪 30 年代先后占领印度的伯塞恩和第乌，16 世纪中叶取得对锡兰（斯里兰卡）的控制权。葡萄牙人在印度的着眼点是贸易，所以只占领一些沿海港口。其巩固占领的措施多种多样：比如在这些港口建立炮台，与当地人通婚，向当地酋长每年发放黄金津贴，使之承认葡萄牙的霸权。

至此，葡萄牙控制印度洋的计划基本完成了。葡萄牙控制了红海入海口亚丁湾、波斯湾入海口霍尔木兹海峡。想要完成印度洋的彻底封锁，还需要控制印度洋东部入口，占领马六甲。

◉ 锡兰（今斯里兰卡）国徽

斯里兰卡，旧称锡兰，位于印度洋海上。斯里兰卡在僧伽罗语中意为“乐土”或“光明富庶的土地”，有“宝石王国”“印度洋上的明珠”的美称，被马可•波罗认为是最美丽的岛屿。

征服马六甲

控制印度洋并不意味着完全控制香料贸易，香料的主要产地在更远的东方。长期以来，东方向西方出口香料有两个重要港口：一个是印度的卡利卡特，另一个是远在印度以东的马六甲。印度尼西亚和马来西亚的香料都是通过马六甲运往西方的。

14 世纪，一位叫拜里米苏拉的苏门答腊王子在今天的马来西亚马六甲建立了满剌加国。由于得天独厚的地理位置，马六甲自古便作为中西贸易的中转地而繁荣。在《一千零一夜》里，阿拉伯探险家辛巴达就是经过马六甲海峡，乘船到达中国的。

◉ 马六甲海峡

马六甲海峡是个漫长的海峡，位于马来半岛与印度尼西亚的苏门答腊岛之间。约在公元 4 世纪时，阿拉伯商人就开辟了穿过马六甲海峡到达中国的航线。他们把中国的丝绸、瓷器，马鲁古群岛的香料，运往罗马等欧洲国家。到了 16 世纪，葡萄牙航海家又将马六甲变成了大西洋至印度洋航线上的重要地点，使这里的地理位置变得更加重要。

◉ 马六甲海峡昔日的情况

此地图是由伊斯坦布坦出版社于公元1732年出版的，用来描述曾经的马六甲海峡。

只有占领马六甲才能进一步控制香料贸易

葡萄牙虽然控制了卡利卡特，但马六甲的香料贸易仍掌握在阿拉伯人手中，比如该时期中国商人的活动范围仅限马六甲海峡以东海域。

在印度的葡萄牙人的部分香料或者东方贸易品，仍然需要从东方的马六甲的阿拉伯商人手中购买。这意味着被打败的阿拉伯人，依然可以从葡萄牙人手中获得可观的利润。

另外，葡萄牙人对印度洋的控制也不是绝对的，因为阿拉伯商人还是有办法继续把马六甲的香料运往红海。他们的三角帆船从锡兰以南的海域远远绕行，再进入红海，对此，葡萄牙有点鞭长莫及。只有占领马六甲，才有可能改变这种情况。

阿拉伯商人说服苏丹对葡萄牙采取敌视态度

要控制香料贸易，仅称霸印度洋是不够的，因为香料的主要产地不在这里，而在更远的东方。要掌握香料生产的源头，必须进一步往东扩张。

公元 1508 年，葡萄牙国王曼努埃尔一世批准了与马六甲建立商业联系的计划，派出洛佩斯·德·塞克伊拉率领的船队前往马六甲，其任务是从马六甲苏丹那里获得贸易许可证。

塞克伊拉到达科钦，协助阿尔梅达取得第乌海战的胜利后，就在当年趁着春季季风驶往马六甲。

塞克伊拉于公元 1509 年来到马六甲，向这里的苏丹递上了葡萄牙国王的信。据说开始时苏丹同意了葡萄牙人的经商要求，但阿拉伯商人说服了苏丹对葡萄牙采取敌视态度。

塞克伊拉见形势危急，及时逃离，但他的部分属员被杀或被捕。

葡萄牙人攻下马六甲

公元 1511 年，葡萄牙的印度总督阿尔布克尔克亲自率领一支由 18 艘船只组成的舰队来到马六甲。

这时马六甲的苏丹与暹罗（今泰国）和中国都有争端，政治上比较孤立。葡萄牙人采取分化政策，把在这里的穆斯林商人和非穆斯林商人加以区别对待，从而得到了非穆斯林

⊙ 马六甲海峡在葡萄牙统治之下的盛况 -1511 年

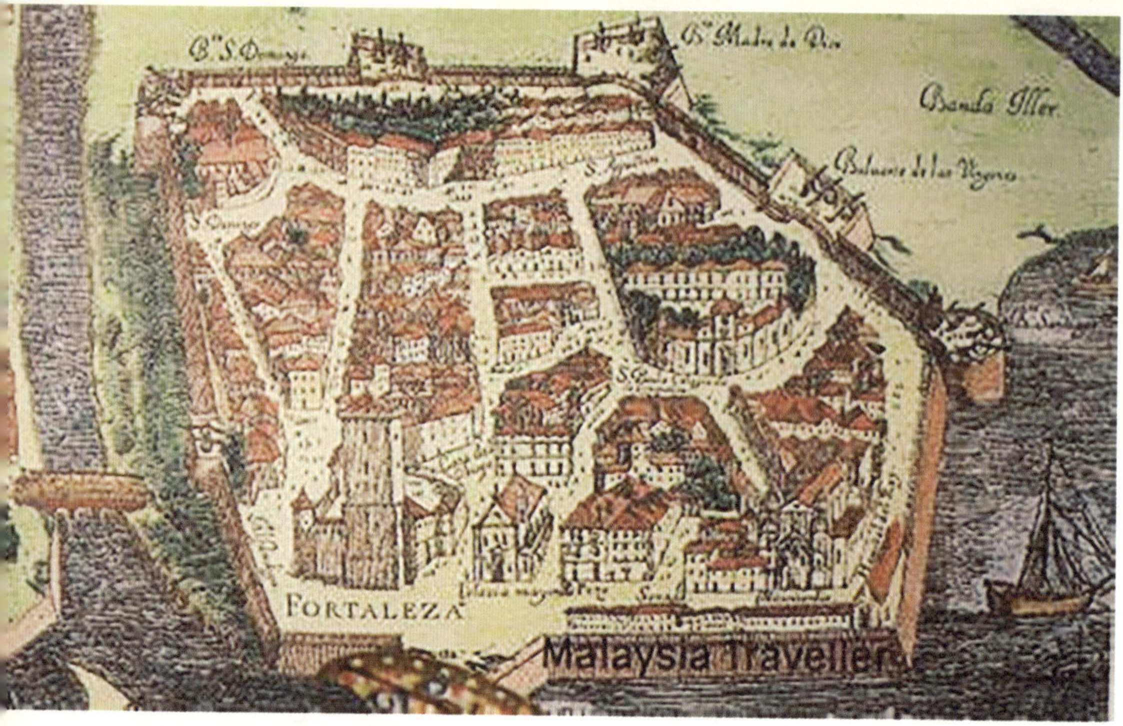

◎ **葡萄牙人修建的马六甲要塞**

阿尔布克尔克占领马六甲后就开始修建要塞。

他命令爪哇人到乡下去搜捕“逃犯”，用铁链把这些“逃犯”锁在工地上，强迫他们建筑炮台。被迫为葡萄牙人修建炮台的还有原马六甲苏丹王室的1500名奴隶。

这个要塞被称为“第一个在东南亚的近代欧洲式的城堡”，要塞矗立在马六甲东南方的海滨，墙厚约2.44米，四周共筑有7个炮台。

◎ **马六甲要塞城门**

马六甲要塞是葡萄牙统治当局的核心，里面有总督府、主教堂、国家政务会礼堂、慈善兄弟会礼堂、五个教堂和两个医院。

马六甲要塞里有常驻军300人，很少超过500人。在公元1606年荷兰和柔佛联合进攻马六甲时，这里只有80个葡萄牙人和几个日本雇佣兵，就将来犯之敌挡在要塞之外，等待援兵。公元1515—1520年，平均有14个月以上是在200人以下。如果战事吃紧，他们能依靠这个堡垒抵抗进攻，坚持到果阿援军的到来。

马六甲海峡是亚洲出海口门户。谁控制了这里，谁就是亚洲海洋的霸主。

◉ 葡萄牙留在马六甲要塞上的痕迹

商人的暗中帮助。

在开始进攻马六甲前，阿尔布克尔克对属下官员发表了一通慷慨激昂的讲话，说明葡萄牙占领这座城市的重要性。他说道：

“我们占领这座城市就是为国王曼努埃尔一世效劳，因为这里是所有调味香料和药材的来源，阿拉伯人每年从这里把它们运到曼德海峡，而我们却无法阻止他们。我敢肯定，如果我们把马六甲的这种贸易从他们手中夺走，开罗和麦加就将彻底崩溃，而威尼斯的商人如果不到葡萄牙来购买，他们就得不到香料。”

简言之，他认为只要占领了马六甲，全世界的香料都将控制在葡萄牙人手中。

公元 1511 年葡萄牙侵占马六甲后，原来聚居在马六甲的大部分贸易者被迫移居亚齐，海上贸易航线也相应地改为从亚齐沿苏门答腊西岸经巽他海峡进入印度尼西亚群岛。亚齐对外贸易迅速发展起来。

◉ 爪哇岛地图（东部局部）

爪哇岛是印度尼西亚经济、政治和文化最发达的地区，拥有全国约 2.2 亿人中的一半，也是人口密度最高的岛屿之一。东爪哇是重要的农业产区。

◉ 葡萄牙于公元 1644 年在柔佛发动的战争

在马六甲被葡萄牙占领之后，柔佛王朝苏丹马末沙逃至柔佛民丹岛，企图从葡萄牙人手中夺回马六甲。之后与葡萄牙发生了多次战争，但最终还是屈服。

《东西洋考》由明朝张编燮撰写。书成于万历四十五年（1617 年），明朝人以今婆罗洲为界，婆罗洲以西称西洋，婆罗洲以东称东洋。该书详细记述了我国南洋航路，非常珍贵。

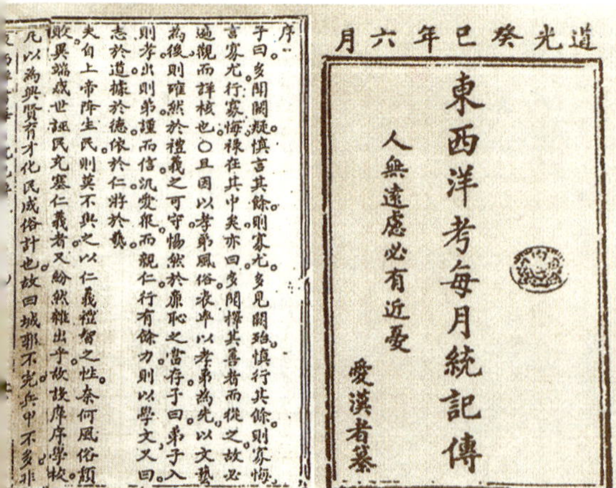

道光癸巳年六月

東西洋考每月統記傳

人無遠慮必有近憂

愛漢者纂

序：

子曰。多聞闕疑。慎言其餘。則寡尤。多見闕殆。慎行其餘。則寡悔。言寡尤。行寡悔。祿在其中矣。亦曰。多聞擇其善者而從之。故必遍觀而詳核也。〇且因以孝弟風俗。表率以孝弟為先。以文藝為後。則確然於禮義之可守。惕然於廉恥之當存。子曰。弟子入則孝。出則弟。謹而信。汎愛衆。而親仁。行有餘力。則以學文。又曰。志於道。據於德。依於仁。游於藝。

夫自上帝降生民。則莫不與之以仁義禮智之性。奈何風俗頹敗。異端成世誣民充塞仁義者。又紛然雜出乎。故設庠序學校。凡以為興賢育才化民成俗計也。故曰城邪不先乎中不多非

◉《东西洋考》

葡萄牙在马六甲一带横行，中国商船同样受到劫掠，据《东西洋考》记载："佛郎机（明朝对葡萄牙人的称呼）见华人不肯驻，辄迎击于海门，掠其货以归。"

在阿尔布克尔克的演说、鼓舞之下，葡萄牙人很快攻下了这座城市。

马六甲被葡萄牙占领了 130 年

阿尔布克尔克不愧是一个有政治头脑的将领，时时不忘缩小打击面和分化瓦解异己力量的重要性。他一方面怂恿士兵在马来人居住区大肆抢劫和屠杀；但另一方面，他又下令不要骚扰印度人（不包括支持苏丹的来自印度古吉拉特的移民）、缅甸人和爪哇人的居住区。

马六甲的苏丹逃脱后，派使节去往中国，控诉葡萄牙的入侵。大明王朝的明武宗朱厚照发布敕令，命令明朝的藩属国暹罗支援马六甲，赶走葡萄牙人。但暹罗国王与马六甲有恩怨，没有去支援，反而觉得葡萄牙的入侵帮了他的忙。阿尔布克尔克从暹罗国王的表现中看到了和暹罗通商的极好机会，便派人带着礼物拜见暹罗国王，暹罗使节回访了马六甲的葡萄牙人，

◎ 明武宗朱厚照

朱厚照因为自己生肖属猪，曾一度敕令全国禁食猪肉，但他自己仍食用猪肉，“内批仍用豕”；后来在大学士杨廷和的反对下降敕废除。

◎ 亚齐苏丹国国旗

于是葡萄牙与暹罗之间有了明显的友好气氛。

此后直到公元1641年马六甲被荷兰人占领，之前的130年里，葡萄牙人一直统治着马六甲，附近的爪哇、柔佛和亚齐都无法忍受葡萄牙对这一海峡的控制，不断与葡萄牙人发生战争，大小战争不下50余次，但葡萄牙均立于不败之地，其重要原因是葡萄牙人能利用上述各地相互间的商业和政治等矛

柔佛是亚洲大陆最南端的陆地，东面是中国南海，西面是马六甲海峡。

在葡萄牙人来到马六甲时，亚齐此时的势力达到鼎盛。疆土从苏门答腊北部延伸至整个马六甲海峡沿岸地区。

◎ 泰国（暹罗）寺庙

泰国（暹罗）是个佛教圣地，泰国政府规定，入境泰国的话，每人都要带上5000元以上现金或等值货币，要是一旦抽查被发现没有带现金会被拒绝入境的，这是去泰国旅游时很重要的前提。

◉ 阿瑜陀耶标志“树抱佛”

阿瑜陀耶建立于公元 1350 年，面积只有不到 15 平方千米，却是一个有着悠久历史的古老故都，与柬埔寨吴哥窟和印度尼西亚婆罗浮屠并称东南亚“三大古都”。
阿瑜陀耶最广为人知的标志是“树抱佛”：一颗巨大的落下的佛头，被千年古榕树的根紧紧包裹起来，几百年的沧桑岁月，写在脸部的仍是拈花一笑。

占婆，古国名，在今越南中南部。梵文名占婆补罗，意为占族所建之城。《新唐书 · 南蛮传》始称占婆。

盾，使其不和。另外，葡萄牙在这里拥有常驻舰队，并修建了坚固的要塞。

殖民主义的秘密

暹罗（Siam，汉语拼音 xiān luó），现今东南亚国家泰国的古称。其部分先民是原居于中国云南一带、元时为逃避蒙古入侵而南下迁居中南半岛的古代中国人。

葡萄牙人与暹罗签订贸易条约，他们还在对华贸易的主要港口阿瑜陀耶（暹罗首都）、马来半岛东海岸建立商馆。马六甲是葡萄牙人在东南亚进行商业活动的大本营，在葡萄牙被西班牙兼并以前，即使经常处在威胁中，但其依然非常繁荣，贸易量不断扩大，葡萄牙获得了巨额的利润。

应该说阿尔布克尔克是个很有才华的军人，他知道做个殖民主义者什么时候需要残忍，什么时候必须设法取得当地人的好感，抚慰部分他需要的人，狠狠打击他的主要对手。他亲自接待来自暹罗、占婆、爪哇等地的使者，派出舰队去考察马鲁古群岛，即香料群岛。

靠这些手段，他很快巩固了对马六甲的占领，马六甲也很快恢复了过去的繁荣。阿尔布克尔克把各种事情安排妥当后，率 4 艘船回到了印度，留下 11 艘船保卫马六甲。

阿尔布克尔克对葡萄牙殖民帝国的建立做出了巨大的贡献。公元 1515 年，他在再度夺取霍尔木兹后染上了重病，曼努埃尔一世召他回国，他死于从霍尔木兹航行到果阿的途中。临死前，他在致曼努埃尔一世的信中建议：“如果您想永久统治印度，那么您就要如同以前一样地行动，使印度自己支撑自己。”即从印度本身获取财富来统治和奴役印度，这就是殖民主义的秘密。

早在 15 世纪初，明王朝与马六甲就形成了战略同盟关系，马六甲王国在明王朝的支持下成为区域强国，而明王朝则通过在马六甲设立航海中转站，建立了以马六甲为中心的朝贡圈，进而控制太平洋到印度洋的航线，成为那个时代亚洲海洋的霸主。

◉ 马六甲葡萄牙人的遗迹

◉ 马六甲葡萄牙人的遗迹

◎ 葡萄牙海军在马六甲打击海盗

葡萄牙在马六甲的税收不断攀升

葡萄牙的贸易垄断与海盗掠夺政策，造成邻近各个国家和地区的激烈反对，马六甲长期处于战争状态之中，从此也走向衰落。

葡萄牙在控制马六甲的130年时间里，不仅通过香料贸易获得高额利润，还通过港口“管理”盘剥经过马六甲或到这里来贸易的商人。他们一方面对进入马六甲港口进行贸易的商船抽取高额关税；另一方面强迫所有通过马六甲海峡的商船到马六甲贸易。凡不来马六甲贸易的商船，不准通过这条海峡。为了实行有效控制，他们派出舰队日夜在海峡上游弋，迫使过往商船纳税，对不顺从者用快艇追击，没收货物，并将其船只焚毁，甚至把船员贬为奴隶。

意大利旅行家描述的马六甲

16世纪初有一个意大利的旅行家对于该时期马六甲的情况有过较详细的描述。在他的出版物中说，这座城市是80年前中国人建造的，但城里的居民都是穆斯林。马六甲商业繁荣，来这里的船比去世界上任何其他地方的都多，各种各样的香料都运到这里来，还有大量的檀香木等。

由于位置重要，马六甲是东南亚和南亚各种势力争夺的地方，外来人不太容易在短时间内搞清错综复杂的情况，所以这位旅行家竟然偏见地说马六甲人是“世界上所曾遇到的人中最坏的人种”。

◉ 杜卡特

杜卡特，或称杜卡币、泽西诺币、西昆币，是威尼斯铸造的金币，12—13 世纪时在威尼斯共和国开始使用，由于其便于铸造、携带、整理，价值又高，在中世纪欧洲受到很大欢迎。也常见于荷兰的金银币。

16 世纪中，葡萄牙在马六甲的税收不断攀升。公元 1544 年以前，葡萄牙在马六甲向来自印度的所有货物征税 6%，运往中国的货物中有 1/4 的货物，必须打 8 折卖给葡萄牙人。为此，商人们往往会把卖不掉的货物拿来应付葡萄牙人，并设法高估价格。但葡萄牙的官员也十分狡猾，最终商人们不得不廉价出售商品给葡萄牙。

这个时期，马六甲港口的税收每年有 1.2 万或 1.5 万杜卡特。葡萄牙的果阿当局认为这一数字太少，怀疑征税过轻或官员有贪污行为，公元 1544 年派了监督西芒·博帝略来马六甲整顿税收。博帝略规定，除了粮食外，其他货物一律纳税 6%。从公元 1547 年起，对从孟加拉地区拉来的货物的征税增至 8%，从中国来的货物征税增至 10%。这样调整后，马六甲的税收每年达到了 2.75 万杜卡特，到公元 1600 年竟达到了 8 万杜卡特。

葡萄牙控制马六甲后获得了巨大的利润

在荷兰取代葡萄牙的那一年（1641 年），有人记录下了当时葡萄牙在马六甲的税收及其在中央和地方间分配的情况：所有进口的货物，除粮食外都须纳税 9%，其中 6% 归国王，

◉郑和宝船途经马六甲－油画

郑和在下西洋时，五次都停在了马六甲海域，用来补充生活用品，所以如今，在马六甲海峡沿岸，关于郑和的故事依然广为流传，在马来西亚的马六甲城还有郑和及宝船的雕像。

3% 归地方。出口税为 4.5%，其中 3% 归国王，1.5% 归地方。船舶来境须纳人头税，凡船员少于 5 个马来人的，每人纳人头税半个里尔，超过 5 个人的船舶须纳 3 葡元。爪哇人和马六甲人免税，所有船只都须付碇费（使用系船的石墩）。这项收入由国王赏给达·伽马的后裔，所有出境船舶须付许可证费。对于像英国这些与葡萄牙敌对的国家的人，葡萄牙人勒索得更厉害。公元 1636 年，他们要求在澳门、马六甲和果阿等港口的英国东印度公司的商船纳税，税率有时为 9%，有时为 20%。

在控制马六甲的 130 年时间里，葡萄牙人付出了非凡的努力，获得了巨大的回报。

葡萄牙向马鲁古群岛的扩张

葡萄牙占领马六甲之后，开始往马鲁古群岛扩张，这是一场控制香料生产源头的斗争。马鲁古群岛在那个时候被称为香料群岛，盛产丁香、豆蔻、胡椒，位于印度尼西亚东北部，在苏拉威西岛和巴布亚岛之间，赤道从中穿过，由大约 1000 个小岛组成。这里气候炎热，潮湿多雨，适于香料作物的生长，是东方的主要香料产地之一。但其繁荣的香料生产和贸易，在 16 世纪欧洲殖民者的占领后逐渐萎缩，现在仅有少量生产。

葡萄牙在特尔纳特岛修建了炮台等军事设施

公元 1511 年 11 月，阿尔布克尔克命令 3 艘葡萄牙船前往马鲁古群岛侦察，船队先后到达群岛的安汶和班达岛，并在塞兰岛登陆。他们绘制了松巴哇、帝汶、安汶、塞兰等岛屿的地图。返航途中船队遇上风暴，有一艘船在班达海上触礁沉没，船长弗朗西斯科·塞尔旺被班达岛上的土著救起，送到马鲁古群岛的特尔纳特岛，弗朗西斯科·塞尔旺凭着聪明才智，不但没有被杀，还被苏丹任命为顾问。

◉ 丁香

丁香是原产自北马鲁古群岛的植物性香料。作为一种重要的世界性香料，丁香很早便是亚欧贸易中的重要商品。在中世纪的欧洲，丁香是价比黄金的奢侈品，并一度风靡全球。

◉ 特尔钠特岛

特尔钠特岛位于哈马黑拉岛以西 23 千米，是一个由特尔纳特火山构成的圆形岛屿，半径约 5 千米，岛上曾是丁香种植中心。

◉ 班达岛的风景

◎ 特尔纳特岛地图

冒烟的是特尔纳特岛上的平流火山加玛拉玛，数百年来，特尔纳特一直是葡萄牙和荷兰进行香料贸易的要塞中心。

弗朗西斯科·塞尔旺在该岛居住了 9 年，作为一个精明的外交家，他设法使特尔纳特的统治者与葡萄牙缔结了同盟。公元 1521 年，葡萄牙还在该岛修建了炮台等军事设施。

◎ 弗朗西斯科·塞尔旺

葡萄牙终于控制了东方的香料产地

公元 1520 年葡萄牙占领盛产檀香的帝汶岛；公元 1522 年葡萄牙舰队到达爪哇的雅加达；公元 1545 年他们又在万丹建立贸易基地。万丹是当时向印度和中国输出胡椒的主要港口。葡萄牙又同文莱的苏丹缔约，取得通过苏禄群岛和苏拉威西海北部航线的航行权。

公元 1535 年，特尔纳特岛的葡萄牙人废黜了这里的苏丹塔巴里奇，并把他遣送到果阿。在果阿他皈依了基督教，然后塔巴里奇又把安汶岛送给自己的葡萄牙教父弗莱塔斯。公元1545年他在回国途中死在马六甲。

安汶和特尔纳特两个岛屿先后变成了葡萄牙的属地。这样，葡萄牙终于控制了东方的香料产地。

每当11月东北季风吹来，葡萄牙人便把丁香、肉豆蔻、胡椒等，一船一船地运回欧洲。这些香料有的是低价买来的，有的是抢来的，有的是强迫地方纳贡来的。香料运回欧洲的盈利非常可观，价格是原来的好多倍，高额商业利润使大量财富落到商人和贵族手里，其中葡萄牙国王得利最多。

安汶岛上的清真寺

安汶岛也称“安波那”，是马鲁古群岛南部的一个小岛，位于班达海北岸，塞兰岛西南方。公元1513年第一批葡萄牙人首先来到此岛，该岛于是成为葡萄牙人在马鲁古群岛活动的中心，这时候这里常有穆斯林袭扰。公元1521年，葡萄牙人为了能在安汶岛上安全地进行丁香贸易，于是建立了殖民点。公元1605年荷兰人赶走葡萄牙人接收了这里的香料贸易。

因为葡萄牙人的背信弃义，背弃了与特尔纳特的同盟，葡萄牙人在特尔纳特的殖民并不是一帆风顺的。公元 1575 年特尔纳特人驱逐了葡萄牙人，葡萄牙人于是转移到蒂多雷岛，在那里建立了新的碉堡。特尔纳特变成了一个狂热的反葡萄牙的伊斯兰国家。

◉ 麦哲伦雕像

麦哲伦的全球航行

公元 1480 年左右，麦哲伦出生于葡萄牙一个没落的贵族家庭，长大后在宫廷里当过少年侍卫。公元 1505 年他第一次出海到了东方，是阿尔梅达舰队中的普通一员。从这一年起到公元 1511 年间，他一直待在东方，参加了征服印度洋和马六甲的一系列战斗。

受伤后得不到想要的职位，国王又否定了他的航海计划

此后，麦哲伦又参加了葡萄牙征服北非的远征，在战斗中他第三次负伤。

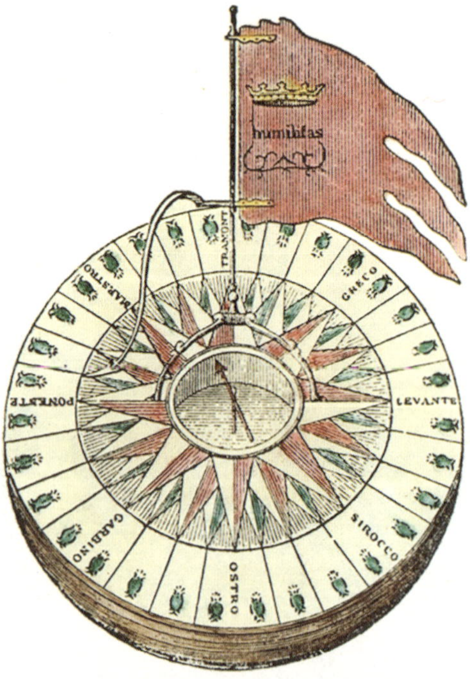

◉ 16 世纪初的指南针 – 安东尼奥・皮塔费塔绘制

指南针是由我国发明的，约在 12 世纪时，由阿拉伯人带入欧洲，到了 16 世纪麦哲伦航行时使用的是经过改良过的指南针。

这次负伤，枪头刺中他的膝关节，损伤了神经，他的左脚不再能屈伸，终生成了瘸子。麦哲伦从印度回国后，希望得到一个普通的职位，但遭到了拒绝。原因是总督阿尔布克尔克呈递了关于他不称职的报告。

麦哲伦受伤回来，又得不到合适的工作，于是他提出了往西航行到达香料群岛的航行计划，并做出忠于国王曼努埃尔一世的表态，希望曼努埃尔一世能支持他的航行，但遭到拒绝。因为大西洋西面是西班牙的势力范围，葡萄牙不可能去染指，而且曼努埃尔一世知道，葡萄牙垄断香料贸易的关键在于只保留绕过好望角的这一条航路，封锁其他一切航路。而麦哲伦的航行计划是开辟新的航路，而且是西面西班牙的势力范围，这会导致西班牙参与到香料贸易中来，打破葡萄牙的垄断。所以曼努埃尔一世解除了麦哲伦的职务，给予他去国外为他人效劳的自由。

◉ 麦哲伦的家族徽章

这是麦哲伦在葡萄牙老家的徽章。

◉ 麦哲伦的妻子玛丽亚·卡尔德拉·比阿特丽斯·巴尔博萨

麦哲伦在北非摩洛哥的军事行动没有成功：他不仅受伤，后来还被指控与摩尔人进行非法交易，这一指控玷污了他在葡萄牙的声誉。之后，他无法工作，还与国王发生了争吵。公元 1517 年，麦哲伦变得如此厌倦以至于他离开葡萄牙并很快宣誓效忠于他的国家最大的对手——西班牙。所以，在公元 1517 年以后，葡萄牙不仅不希望他找到香料群岛，还千方百计地阻止他。

麦哲伦获得了自由后便又有了再次起航的计划，他向西班牙国王提出寻找香料群岛的计划，得到了西班牙国王的支持，于是他便有了由 5 艘船构成的船队，在通过大西洋和太平洋前往香料群岛时，葡萄牙曾试图追捕他。

◉ 麦哲伦环球航行的路线

该图来自公元 1544 年的《阿格尼斯地图集》，图中黑线部分就是麦哲伦航行的路线。

在辽阔的太平洋上看不见陆地，遇不到岛屿，食品成为最关键的难题，据说当时船上一只大老鼠甚至卖到半个杜卡特（威尼斯的货币单位）。但船员们抓到老鼠后一般是自己享用，根本就舍不得卖掉。

麦哲伦认为香料群岛一定与太平洋相连

麦哲伦提出往西航行到达香料群岛，除了受哥伦布发现美洲的启发外，还有两点依据：一是他在东方的经历，他知道香料从马六甲很远的东方运过来，那个地方西方人称为香料群岛，又叫马鲁古群岛。二是公元 1513 年西班牙探险家巴尔沃亚从大西洋越过巴拿马地峡发现了太平洋。当时地圆说虽未得到证实，但已相当深入人心，麦哲伦坚定地认为香料群岛一定是与巴尔沃亚发现的太平洋相连接的。

◉ 麦哲伦出海细节 – 雕刻

智利蓬塔阿雷纳斯的城市广场上记述麦哲伦事迹的雕塑。

◉ 麦哲伦舰队中的“维多利亚”号－板画

西班牙国王比葡萄牙国王更大方，这些派出探险的冒险家，不仅可以因航海而获得额外津贴，并且他们对于发现的岛屿还拥有征收赋税的权力。

历经 100 多天的航行，一直没有遭遇到狂风大浪，麦哲伦的心情从来没有这样轻松过，好像上帝帮了他大忙。他就给这片海起了个吉祥的名字，叫“太平洋”。

公元 1519 年 9 月，麦哲伦的船队起航。他们中很少有人有丰富的航海经验。事实上，他们中的许多人都是从监狱借来的罪犯。其他人加入是因为他们避开了债权人。许多经验丰富的西班牙水手拒绝加入麦哲伦的船队，这可能因为他是个葡萄牙人。

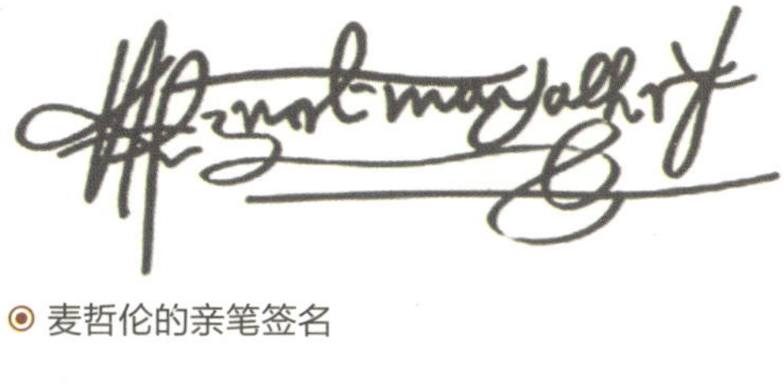

◉ 麦哲伦的亲笔签名

◉ 麦哲伦企鹅

麦哲伦企鹅又称麦氏环企鹅，是温带企鹅中最大的一个种类，主要分布在南美洲阿根廷、智利和马尔维纳斯群岛沿海，也有少量迁入巴西境内。公元 1520 年，航行至此的探险家麦哲伦发现了这种鸟类，随后便以他的名字命名。

获得西班牙国王卡洛斯一世的支持

麦哲伦离开葡萄牙后来到西班牙，想在这里寻找机会。

公元1518年3月，西班牙国王卡洛斯一世（即查理五世）接见了麦哲伦，麦哲伦献给了卡洛斯一世一个自制的精致的彩色地球仪，并详细论述了向西航行获得香料的可能：香料群岛是葡萄牙最重要的财富来源，而根据公元1494年教皇为这两个国家划定的势力范围，这个群岛本来应该是属于西班牙一边的，因为它处在西半球上。这里麦哲伦低估了太平洋的宽度，高估了马六甲到香料群岛的东西向距离。他认为通过巴尔沃亚发现的已归西班牙所有的太平洋，西班牙可以建立直通香料群岛的航线，以便打破葡萄牙对香料来源的封锁。

麦哲伦的建议非常符合卡洛斯一世的胃口，于是他当场决定支持麦哲伦去实现这次探险。

经过反复的讨价还价后，麦哲伦与卡洛斯一世的代表签订了协议。与哥伦布一样，他们也谈妥了双方对发现收益的享受权问题，最后卡洛斯一世同意用国库资金装备5艘船，提供整个探险队两年的粮食和给养，支持麦哲伦的探险计划。

麦哲伦海峡是一条位于南美洲南端的大西洋和太平洋之间的350英里长的航行通道。它把巴塔哥尼亚的大陆与火地岛分开，今天该岛的东部属于阿根廷，西部和南部包括合恩角及其周围的岛屿属于智利，是一个像迷宫一样的地方。

◉ 麦哲伦丧命的纪念碑

麦哲伦死于菲律宾群岛的马克坦岛，尸体在沙滩上放了三天，成了肉干，一代航海家因部落冲突而客死他乡。

西班牙可以合法分享东方的香料贸易

获知卡洛斯一世资助麦哲伦向西航行到达香料群岛的消息后，葡萄牙国王曼努埃尔一世非常后悔，几次想阻挠麦哲伦出海，但是为时已晚。

在西班牙王室的支持下，麦哲伦船队于公元 1519 年 9 月 20 日从西班牙出发，完成了穿越大西洋、太平洋、印度洋，再回到欧洲的环球航行。在环球航行途中，麦哲伦在与菲律宾群岛部落的冲突中被岛民砍死了。船上的水手在他死后继续向西航行，出发时的 5 艘船最后只有 1 艘回到了欧洲，完成了人类首次环球航行。

⊙ 麦哲伦的船员及其死后的继任者胡安 • 塞巴斯蒂安 • 埃尔卡诺

胡安 • 塞巴斯蒂安 • 埃尔卡诺是西班牙籍水手，是一个靠流浪和贩运违禁品而生活的冒险家。他凭借航海探险经验，得到了西班牙国王的常识，后来成了麦哲伦船队的一员。

⊙ 麦哲伦船队唯一幸存的船

◉ 麦哲伦平息暴动－1900 年插画

在环球航行途中麦哲伦手下的几位船长带头暴动，不过所幸被他平息了。

◉ 宿务岛上的麦哲伦纪念碑

麦哲伦的航行证明了地球是圆的，但对当时的西班牙来说，最重要的是建立了往西航行到香料群岛的航线，从此可以合法地与葡萄牙分享东方的香料贸易。

葡萄牙东印度公司的发展

葡萄牙是第一个近代世界帝国，所以殖民扩张的过程中遇到了很多的问题。针对遇到的各种难题，尤其是统治和管理广大殖民地方面，葡萄牙找到了一个非常好的解决方案。后来的西班牙、荷兰、法国、英国都借鉴过这个方案，即成立印度公司。

统治和管理殖民地的两大难题，分别是管理日益发展的贸易和统辖数百万殖民地居民。葡萄牙解决问题的方法来源于一个货栈，这是一个最初由亨利王子建立的货栈，后来成了几内亚公司。若奥二世时期，葡萄牙在黄金海岸的米纳建造了基地。于是，里斯本的几内亚公司发展成为几内亚－米纳公司。这时的几内亚－

◉ 葡萄牙帆船

葡萄牙帆船大多是盛行于 15 世纪的卡拉维尔帆船。从地理大发现开始，卡拉维尔帆船便开始添加了远洋航行的特性。以三桅代替两桅，并把横帆和三角帆混合使用，提高了远洋航行所需的速度。此外，葡萄牙人更把卡拉维尔帆船的船艏楼及船艉楼增高，以提供远洋航行所需的稳定性。

米纳公司便开始担负管理殖民地的职能。达·伽马到达印度之后，几内亚－米纳公司的主要业务变成了印度的香料贸易和殖民扩张。这个时候，几内亚－米纳公司变成了东印度公司。

东印度公司有一个巨大的场地用来存储、装卸、分配货物，公司按照政府要求征收税款，并严格检查进出口商品，还开始为开往印度的葡萄牙船队提供补给和装备。随着东印度公司的逐渐壮大，每天都需要处理大批的合同和业务往来，国内、国外成千上万的员工的工资发放也越来越复杂。于是东印度公司成立了几个分局，分别负责处理香料贸易、账目、船队装备、海员训练还有各种职能所涉及的工作。随着整个管理工作变得错综复杂，东印度公司又增设了法律和司法方面的代理人。

在卡拉维尔帆船盛行的同时，也兴起了后来帆船的大成之作——卡瑞克帆船。

葡萄牙东印度公司也是由国王授权，一边做贸易，一边当海盗。他们的帆船是商、战两用，积累了许多海战经验。

◉ 葡萄牙在其殖民地所使用的旗帜

◉ 葡萄牙东印度公司与荷兰东印度公司的战争

侵略扩张带给曼努埃尔一世无限风光

自从达·伽马开辟了通往印度的新航线后，每年都有许多船只载着士兵和大炮从葡萄牙的特茹河起航，去往东方国家，归来时装载着各种各样的香料。刚开始出海远航的舰队人数一般只有数十名海员，随着时间的推移和财富的积累，出海的舰队规模也逐步扩大，有些舰队人员可达到两三千名海员。舰队的首领也从过去在海上漂泊的老水手，变成了大贵族。

◉ 葡萄牙帝国硬币

曼努埃尔一世在自己头衔上添上新的封号

若奥二世在友好互利的基础上，同东方世界掌权者订立和平贸易条约的做法也开始慢慢转变。葡萄牙开始靠武力控制了整个东方的海上贸易。

葡萄牙凭借先进舰队的优势，加上使用大炮的高超本领，以及某些军事将领的作战能力，赢得了一场又一场的殖民胜利，攻占了波斯湾的战略要地霍尔木兹、控制了马六甲……

葡萄牙如火如荼的殖民侵略活动，使葡萄牙国王曼努埃尔一世攫取了一大片新土地。在曼努埃尔一世统治的 26 年里，葡萄牙从一个欧洲小国变成第一个近代世界大帝国。此时的西班牙还没有跟上时代的脚步，建立广阔的殖民地，而葡萄牙帝国已经基本成型。葡萄牙的阿尔梅达和阿尔布克尔克已经名扬欧洲。自豪的葡萄牙国王曼努埃尔一世在自己头衔上添上新的封号：“埃塞俄比亚、阿拉伯、波斯和印度的征服者、航海家和贸易开创者。”

曼努埃尔一世宫殿上的国王徽章

葡萄牙成了万里飘香的国度

公元 1495—1521 年在位的曼努埃尔一世，生活极其奢侈和豪华，达到了罗马皇帝都从未有过的程度。他的宫殿是当时欧洲最华丽的，他的宴会是最奢侈的，他的大使是最阔气的。一时间，曼努埃尔一世的名字在欧洲成为富裕的同义词。

曼努埃尔一世时期的硬币和徽章

⊙ 成功刺探香料贸易航线的荷兰人林霄腾

公元 1580 年时的西班牙虽然强盛，却无法从葡萄牙获得香料贸易的航线，而荷兰人林霄腾在谋得了葡萄牙东方帝国中心果阿大主教秘书一职后，跟随大主教经过马德拉群岛、几内亚、好望角、马达加斯加和莫桑比克，航行到了果阿，这才得到了航线信息。

公元 1592 年，林霄腾返回荷兰家乡，开始从事著述活动，接连出版了几本游记。这些游记记录了林霄腾本人的航行经历、果阿及其周边国家和地区、葡属印度的情况，也记录了印度、印度群岛、中国、日本之间的航道信息。

葡萄牙自控制了印度尼西亚的香料群岛（即马鲁古群岛）、垄断了东方的香料贸易后，为了防止其他国家的竞争，葡萄牙一直把绕过非洲好望角到达香料群岛的航线信息视为最高国家机密。其他欧洲国家虽然垂涎于葡萄牙帝国的暴利，但他们缺乏先进的航海技术，更不知道航线信息，只能从葡萄牙进口香料。

公元 1505 年，葡萄牙里斯本的阿尔卡索瓦斯王宫被废弃，取代它的是特茹河畔的一座新式宫殿，其庭台皆取文艺复兴时代的式样，站在这里的庭台上可以远眺特茹河的景色。这个兴建葡萄牙新王宫的地方，曾是几内亚－米纳公司存放由几内亚海岸收购来的棉花、多香果和象牙的仓库所在地，所以在很长一段时间内，人们都称这座王宫为米纳公司宫。

从这块地里散发出的肉桂和胡椒的香味，使得整个王宫都能闻到。后来葡萄牙逐渐垄断了同印度的香料贸易，香料源源不断地运到了葡萄牙，整个葡萄牙也就成了万里飘香的国度。

澳门随处可见葡萄牙的标识

国王的威严不断抬高

王宫的变迁反映出其他一系列的变化。曼努埃尔一世的继承人若奥三世的朝廷也日益扩大，靠吃国家俸禄的官爵成倍增加。贵族的人数及其挥霍、消耗的财富在大幅度地上升，但这种上升并不危及国王的权力，因为这些贵族依附于国王。随着军事技术的发展，私人已经没有力量发动战争，军事实力在于国王的军火库。普通士兵都希望成为军官来指挥战争，得到国王发放的薪俸。

国王的威严不断抬高，这也是中央集权和国家公务大量增加的结果。曼努埃尔一世、若奥三世和塞巴斯蒂昂一世在统治葡萄牙时，为切实管理国家的各项事务，如财政、司法、军队、中央和地方的管理，颁布了无数的法律条例。葡萄牙在法律、武器和思想等方面，都逐渐在向现代国家转变。

澳门被殖民时的徽章

自若奥三世起，葡萄牙人开始在澳门定居。

肃清犹太人运动

在若奥二世时期，当西班牙的费尔南多二世和伊莎贝拉一世迫害犹太人，

◉ 18 世纪里斯本宗教法庭判处的罪犯大游行

逼迫他们离境时，若奥二世接纳了他们，这些人后来在葡萄牙日后的商业活动中出了不少力。但现在曼努埃尔一世决定仿照西班牙的天主教双王，驱逐犹太人出境。

自从罗马统治时代起，犹太人就住在葡萄牙境内，而阿拉伯人的征服造成了犹太人入境的新洪流。犹太人几乎遍布了葡萄牙全境，主要从事商业、银行业、高利贷和其他的犹太人传统职业。

反对异端的运动迅速扩展到了德国、荷兰、西班牙、葡萄牙并最终波及了几乎整个欧洲。其处罚的方式也变得花样繁多起来。

◉ **中世纪欧洲火枪手**

火枪手是欧洲古代的一个兵种，火枪手是 15—19 世纪时各国的主力兵种，虽然早期火枪射程还不如弹弓，但是可以穿甲，杀伤力很大。

犹太人在葡萄牙的发展

这些犹太人虽然因为信仰问题，无法在葡萄牙担任较高官职，但在同货币和财政相关的工作岗位上发挥了很大作用。有些犹太人成了学者、数学家、天文学家和宇宙学家。他们对于亨利王子和若奥二世那样的开拓者来说是很有价值的。

公元 1446 年颁布的《阿方索法令汇编》给葡萄牙的犹太人规定了整套生活准则。犹太人必须住在城市里指定的地区，这些地区叫作犹太区。他们有专门的法庭和自己的法官处理内部问题。犹太人必须穿一种特殊的服装，法规限制他们与基督教徒交往，禁止他们单独进入未婚的基督教妇女的住所。

即便是法律对犹太人有着种种的约束，但是聪明勤奋的犹太人还是兴旺起来了。

◉ 最早提出宗教审判的教皇－公元 1231 年的教皇额我略九世

犹太人带来的威胁

在教会的劝诱下，有些犹太人转变为基督教徒。许多犹太人改信了基督教，被称为新基督教徒，用以区别于基督教徒，即没有被犹太血缘沾染的葡萄牙人。然而在改变信仰以后，新基督教徒这个身份依旧使他们在基督教社会里不能得到完全的承认。尽管如此，葡萄牙的一些落魄贵族为了得到丰厚的财富，会选择和新基督教徒的女儿结婚。

在葡萄牙中下层社会里，存在着大量反犹太人的思想。几乎每一个信奉基督教的葡萄牙人，都曾在他一生的某个时候，在交易中吃过犹太人的亏，或自认为受到了他们的盘剥。因此，每逢有反对那些不受欢迎的犹太人的运动发生，总有一批人随声附和、起而响应。

葡萄牙法律规定犹太人不能担任高级官职，也就不需要在华丽的服装和排场上花钱，他们为了避免引起基督教徒的嫉妒和敲诈，坚持钱财不外露，都把自己打扮得很穷。

因为犹太人的勤奋，到了15世纪末，葡萄牙的大部分流动资产，都在犹太人或者新基督教徒的控制下。当权者为此感到不安，即便是改信了基督教的犹太人，也让葡萄牙人感到不安。

刚开始葡萄牙国王对犹太人是比较宽容的

同在伊比利亚半岛上的阿拉贡和卡斯蒂利亚两个国家，都在15世纪设立了宗教裁判所，目的不是用以对付那些犹太人，而是对付新基督教徒，他们有充分的理由怀疑这些新基督教徒对教会的忠诚。

阿拉贡的费尔南多二世和卡斯蒂利亚的伊莎贝拉一世从阿拉伯人手里夺回了格拉纳达后，把一切拒绝接受基督教洗礼的犹太人从西班牙驱逐出境。这些被驱逐的犹太人，付了高额的财富后，得到了葡萄牙国王若奥二世的庇护，暂时在葡萄牙避难。

这些犹太人凭借着自己的聪明才智，慢慢地随着葡萄牙海洋贸易的发展而壮大了起来。

◉ 葡萄牙宗教审判

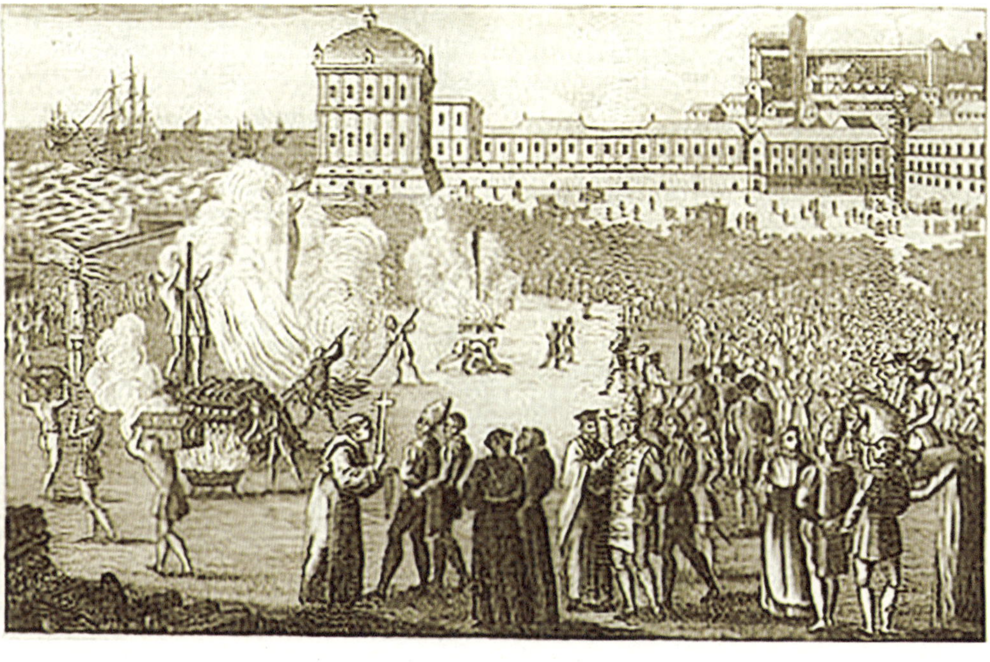

曼努埃尔一世刚开始登上王位时，还是一个比较宽容的统治者，他释放了被奴役的犹太人，赢得了犹太人的感恩。葡萄牙的犹太人和那些从卡斯蒂利亚过来避难的犹太人，自愿向他捐献了大量钱款。曼努埃尔一世谢绝了这笔礼物，说犹太人只要按规定付款就可以使他满意了。

在犹太人问题上，葡萄牙的教会没有采取官方立场，反对剧烈的迫害手段，同时尽了最大努力劝说犹太人改变他们的信仰。

宗教裁判所是属于教会的特别刑事法庭，它的目的是维护基督教的正统，打击“异端”。宗教裁判所直接授命于教皇，裁判官由教皇直接任命，对认定的“异端分子”秘密审判后残忍地剥夺生命，其中对于大众来说最著名的就是哥白尼和圣女贞德的火刑。

宗教审判现场

为了抱得美人归，曼努埃尔一世开始迫害犹太人

曼努埃尔一世登上王位后，向阿拉贡的费尔南多二世和卡斯蒂利亚的伊莎贝拉一世派出使节，请求他们把卡斯蒂利亚的公主阿拉贡的伊莎贝拉嫁给他（这个公主曾经嫁给了若

◉ 火刑处决罪犯

宗教裁判时代流出的绘画大多都是使用火刑对异端分子进行处决，这是为什么呢？因为在基督教中有着“禁止食用任何动物的血，禁止流他人的血”的禁忌，而火刑则完美地规避了流血这条禁忌，甚至基督教认为可以通过火刑来净化灵魂，消除异端邪恶。

奥二世的儿子阿方索王子，后来因为王子突然坠马而死，公主因此寡居）。伊莎贝拉与父母一样仇恨犹太人，她同意当葡萄牙的王后，但要求一切犹太人都必须离开这个国家。

为了抱得美人归，另外曼努埃尔一世还另有小算盘，他认为这桩婚姻早晚会使他得到西班牙的王位，因为费尔南多二世和伊莎贝拉一世两人唯一的儿子早夭，只剩下几个女儿有继承权，而伊莎贝拉是他们的大女儿，继承顺位相当靠前。所以他决定效仿英国和西班牙，驱逐犹太人。于是在公元 1496 年年底，曼努埃尔一世下令：“一切不接受洗礼加入基督教的犹太人 10 个月之内必须离开葡萄牙。”

在规定的 10 个月期满后，没有改信基督教的犹太人大部分被驱赶和遣送去了葡萄牙在东方的殖民地。葡萄牙境内因此发生大量的针对犹太人的拘捕和强迫受洗，导致无数家庭被拆散。

曼努埃尔一世连续娶了几个卡斯蒂利亚公主

伊莎贝拉对曼努埃尔一世的宗教运动表示满意，

◉ 果阿宗教审判所处决的罪犯

这名罪犯的旁边是处决他的柱子，罪名写在他穿的外衫上。

◎ **车裂（有点像我国的五马分尸）**

在西班牙，由于天主教的坚定拥护者阿拉贡的费尔南多二世和卡斯蒂利亚女王伊莎贝拉一世的推崇，宗教裁判所在公元 1483—1820 年间判处了 38 万异端分子，其中被火刑处死的达到了 10 万多人。

公元 1497 年 10 月她来到葡萄牙，与曼努埃尔一世结了婚。

但是曼努埃尔一世想通过联姻获得西班牙王位的希望终成泡影。没过多久，伊莎贝拉因为难产去世了，他们幼小的儿子不久也夭折了。

后来曼努埃尔一世又娶了妻子的妹妹阿拉贡的玛丽亚，可是玛丽亚因为年龄较小，没有权利继承父母的王国。曼努埃尔一世与玛丽亚共生了三女七男，最大的孩子叫若奥三世，成了葡萄牙的下一代国王。后来曼努埃尔一世又再次丧偶，又娶了一个卡斯蒂利亚公主奥地利的埃莉诺，她是伊莎贝拉和玛丽亚的姐妹“疯女”胡安娜的长女，在姨母死后，于公元 1518 年嫁给姨父。

葡萄牙国王曼努埃尔一世晚年再次丧偶，于是第三次结婚，又一个卡斯蒂利亚公主埃莉诺成为他的王后，她是费尔南多二世和伊莎贝拉一世的孙女。埃莉诺在曼努埃尔一世死后守寡 9 年。后与法国的法兰西斯一世结婚。法兰西斯一世死后，埃莉诺不想再结婚，就隐居在西班牙度过了她的晚年。

第七章 葡萄牙走向衰落

曼努埃尔一世死后，若奥三世继位，葡萄牙往日的辉煌渐渐暗淡，葡萄牙因为种种原因已无力进行大规模的殖民扩张。葡萄牙因香料贸易而繁荣昌盛，后来也因香料贸易背上了沉重的负担。若奥三世统治期间，巴西的工农业生产有了重大进展，同中国、日本、暹罗建立了良好的贸易关系。然而其后继者塞巴斯蒂昂一世的战死，引起了葡萄牙的王位继承危机，西班牙的腓力二世趁机兼并了葡萄牙，成了葡萄牙的国王，使得葡萄牙与西班牙合并。

◎ 曼努埃尔一世的继任者——若奥三世

若奥三世因受教会学校学习的影响，他在任期间，曾数度易址，将里斯本大学永久地迁到了科英布拉，并从欧洲各地聘请了大批有水平的教师，改革了教育体制并增加了教师的补贴，使得该大学的教学水平显著提升。

若奥三世的执政

公元1521年，“幸运儿”曼努埃尔一世去世，若奥三世继位，他继位的时候还不满20岁，但他算是一个有谋略的人，对葡萄牙在世界上的地位和发展的潜力有比较透彻的了解。葡萄牙在他的统治期间从扩张阶段变成了维持、保守阶段。

若奥三世的大臣卡斯塔聂拉伯爵曾向他提出过一份令人沮丧的报告：凡是可以开辟的税源都开辟了，凡是可以缩减的开支都缩减了。但是葡萄牙还是有沉重的负担，使得国家无力继续扩张和前进，甚至连维持都非常吃力。

未准备好就被阿拉伯人袭击，葡萄牙连连丢失已经控制的领土

眼下葡萄牙控制下的非洲西北部摩洛哥的萨菲和阿泽穆尔两座城市，纷纷开始暴动，想要脱离葡萄牙的统治，大臣们向若奥三世建议放弃对这两座城市的控制。但若奥三世固执地

要守住葡萄牙扩张的所有领土。他求助于妻子的舅舅——西班牙国王卡洛斯一世，向其借款备战，准备镇压暴动，但此时西班牙的财政状况也不是很好，所以他并未获得西班牙的帮助。

因为一直无法筹备足够的经费，若奥三世还没做好战争准备，摩洛哥的阿拉伯人已抢先一步发动了，他们对葡萄牙沿海的据点和基地的打击，使得葡萄牙受到巨大的威胁，若奥三世只好放弃了萨菲和阿泽穆尔，阿拉伯人乘胜紧逼，使得葡萄牙连续丢失阿尔卡塞尔、赛格尔，最后又放弃了阿尔吉拉。

若奥三世有个“虔诚者”的雅号，这是因为他十分注重天主教在新发现地区的传播工作。在他任内耶稣会正式进入了葡萄牙，后者借着在东方的优异表现迅速取代了圣方济各会，成为海外传教活动中的中坚力量。葡萄牙的宗教裁判所也是在他任内设立的。

◉ 西班牙国王卡洛斯一世

卡洛斯一世即查理五世，是西班牙历史上伟大的皇帝，他身兼神圣罗马帝国皇帝、尼德兰君主和德意志国王，是16世纪欧洲最强大的君主。

◉ 16世纪的萨菲

建立北非大帝国的希望破灭

若奥三世对于国家的损失非常痛心，把自己看作是国家和基督教的罪人。出于良心的谴责和对国家及教会的愧疚，他还亲自向罗马教皇请罪，希望得到上帝的原谅。

一系列军事行动的失败，使得葡萄牙在摩洛哥的领土缩小到丹吉尔和以前的休达。葡萄牙曾经希望在非洲建立一个北非大帝国，现在看来这个美梦永远无法实现了。

丹吉尔是摩洛哥北部一座历史悠久的古城，公元前6世纪由腓尼基人建造，是世界上最古老的城市之一。邻近直布罗陀海峡，距亚欧大陆仅15千米左右。东进地中海和西出大西洋的船只都要从这里经过或停泊，战略地位十分重要。

葡萄牙在非洲连连丢失控制的领地，而此时的法国却虎视眈眈地盯着美洲大陆，也想参与美洲大陆的殖民扩张，此时的法国海盗在海上穿梭，给葡萄牙的海洋贸易造成了非常大的影响。若奥三世很担心法国会在巴西建立据点、发展基地，因为那样的话，满载香料的葡萄牙商船更容易被法国海盗抢劫了，于是若奥三世加紧了对巴西殖民地的开发和控制，小心谨慎地看护着巴西，即便如此，巴西依旧危机重重。

◉ 萨菲瓷器

萨菲市是摩洛哥的第三大工业城市，陶瓷工业比较繁荣，号称“非洲陶瓷之都”。

⊙ 若奥三世的妻子——奥地利的凯瑟琳

凯瑟琳是卡斯蒂利亚女王胡安娜与腓力一世的遗腹女。她出生于尼德兰，由姑母奥地利的玛格丽特照料，直到出嫁前才来到西班牙，后嫁给葡萄牙国王若奥三世。

巴西的开发

当年葡萄牙的佩德罗·阿尔瓦雷斯·卡布拉尔无意间发现了位于热带的巴西，并率先在这里开展了经济开发活动。巴西有着号称“地球之肺”的热带雨林，林木资源得天独厚。许多年来，这里的主要资源是巴西木。这种树的树心殷红，是当时欧洲染料的主要来源，而且木质坚硬，可制造家具和船只。起初发现者给这块土地取名叫维拉克卢兹，但是这里却因巴西木而闻名世界，这块土地的名字也从维拉克卢兹逐渐变为了巴西。

到达巴西古画

葡萄牙开始并不太重视巴西

早在公元1501年，葡萄牙组织了一支船队考察巴西海岸时，发现了大量的巴西木。公元1502年巴西木的贸易便由费尔南·德·罗洛尼亚开始进行了，他是个新基督教徒。

费尔南·德·罗洛尼亚每年都会派遣一支由6艘船组成的船队，考察这里的海岸线，并在合适的地区设立了商行。葡萄牙人的第一批据点就是此时开始在巴西沿海建立起来的。

发现巴西之后不久，法国的一些冒险家式的商人也来到了巴西。他们大力采伐巴西木，同时也想占有这块土地。虽然葡萄牙派遣了一些小股部队去保卫巴西海岸，但是对巴西的重视程度仍然不够，在许多年中，巴西的主要作

发现巴西油画

卡布拉尔在主教的见证下正式宣布葡萄牙拥有巴西。

巴西之前仅是葡萄牙人建立的一个货栈

葡萄牙人在刚殖民巴西时，在靠海的地方设立了一些建筑，这就是最早的贸易站。主要经营巴西木，另外还经营鹦鹉、动物皮毛等。

用仅仅是葡萄牙派往印度的军队的停靠站和补给点，所以助涨了法国人的野心。

开始了对巴西的正式开发

巴西虽然长期没有被葡萄牙政府重视，但是葡萄牙人已经开始在这里定居，他们在距离海岸大约几里的腹地建立了一个村庄，这个村子叫皮拉蒂宁卡（今天的圣保罗市）。

直到公元1530年，马尔丁·阿方索·德·索乌扎率领船队到达巴西后，葡萄

巴西甘蔗种植园奴隶的混居宿舍

这些黑人奴隶男女杂居，居住条件相当艰苦，而且在男人和女人的身上、手臂和胸部的位置，会有些捆绑的痕迹。男人奴隶有时会穿件衬衫，但是他们会觉得衣服不舒服，多数的时候会在腰间关键位置捆绑一小块布，而女人们穿着的面料只会比男人多一点点。

◉ 皮拉蒂宁卡风景－油画

皮拉蒂宁卡即今天的巴西圣保罗市，它是巴西最大的经济城市，也是南北物流重地，道路四通八达。

◉ 巴西的甘蔗种植园

一般在种植园内劳作的是奴隶，多数是由非洲贩卖过来的。田野上的工作很辛苦，除了在烈日下劳作很长的时间，还要在监督者的监督下工作，稍有不慎就会被鞭子抽打。

牙才有了正式的、有系统的开拓这块殖民地的设想。这一年，葡萄牙人在巴西建立了圣维森特市，并在沼泽地上种植了第一批甘蔗，安装了美洲的第一台轧糖机，开始了对巴西的正式开发。

垦殖土地使很多城镇繁荣了起来

公元 1534 年，若奥三世把整个巴西划分成许

◉ 巴西制糖厂

多块世袭封地，赐给一些小贵族。受赐者必须靠自己的努力来推动移民和开垦荒地。由于这些封地的小贵族开发者缺乏雄厚的经济实力，加上当地人民的反对，垦殖土地遇到了不少的困难。即便如此，巴西的很多地区都获得了发展，特别是南部的圣维森特和北部的伯南布哥很快就繁荣了起来。

到公元 1548 年，巴西沿海已经建立了 16 个葡萄牙人定居的村镇。居民们大多以同本国贸易为生。除木材外，他们运往葡萄牙的产品还有糖、棉花和烟叶。

◉ 邮票上的曼努埃尔·达·诺布列卡

曼努埃尔·达·诺布列卡是耶稣会的成员，在他的带领下，基督教会在巴西普及教育并改造了巴西的土著居民。

耶稣会于公元 1534 年创立，经过 6 年的发展后，得到教皇的批准，开始有了系统的组织与管理。耶稣会为半军事组织，仿军队建制，纪律森严，由男教徒构成。公元 1583 年，由利玛窦传到我国。

设立巴西总督

随着巴西的经济地位不断上升，加上法国的威胁和某些封地的违法乱纪现象，公元 1548 年，葡萄牙在这里成立了总督府体制。

⊙ 首位葡萄牙巴西总督：托麦·德·索乌扎

托麦·德·索乌扎（1503—1579 年）是公元 1549—1553 年间巴西葡萄牙殖民地的第一任总督。

第一任巴西总督是托麦·德·索乌扎。他率领着近 1000 名移民和第一批耶稣会牧师前往巴西赴任。在这批牧师中有个叫曼努埃尔·达·诺布列卡的人，他的传教活动在当地人中影响颇深，为了同当地人接触，他在皮拉蒂宁卡村建立了圣保罗经院，圣保罗市的名字就是从这儿来的。然而，托麦·德·索乌扎却把总督府设在北部的圣萨尔瓦多，于是这座城市便很快发展了起来。

巴西在葡萄牙的统治下进入了迅速发展的时期。许多犹太人在葡萄牙国内受到迫害，纷纷逃到巴西定居。这种迁移往往是有去无返的，大多数葡萄牙移民都是不带家属，孑然一身到那里去的，然后在那里与当地女子结婚，从而形成了一个混血种族——马麦卢科斯族。这个种族的人对扩大葡萄牙的影响起了推波助澜的作用。

公元1583年，在巴西定居的白种人达2.5万人。巴西的气候湿热，适宜于甘蔗的生长。在安装轧糖机 100 年后，巴西每年的糖产量达 200 万阿罗

⊙ 甘蔗种植园劳工的生活

受雇佣的黑人是以家庭为单位居住的，他们的衣服多数是马裤和衬衫，有时会穿背心。

⊙ 伯南布哥市首府奥林达的繁荣影像

巴（1 阿罗巴相当于 15 千克）。糖厂老板同几内亚海岸建立了直接联系，那里的大批黑奴被贩卖去了巴西，用来种植甘蔗或从事轧糖业。

⊙ 中世纪巴西的地图画上了其代表植物甘蔗

“富得冒油的巴西”

公元 1584 年，神父费尔南·卡尔丁访问了巴西的伯南布哥市，他是这样描述巴西的：

“这里的人很富有，当时葡萄牙一个有钱人家的佣人一年才挣 4 个克鲁扎多（葡萄牙古币）。而这里的人，家里财富都有 4 万、5 万或者 8 万克鲁扎多。这里只有少数人会因为从几内亚贩来的奴隶大量死亡或是给奴隶看病开支过多而亏了本，变得负债累累。大部分人都会赚到很多钱。

⊙ 克鲁扎多（葡萄牙古币）

累西腓是今天伯南布哥的首府，该词源于葡萄牙语“礁石”。始建于公元 1548 年，原为葡萄牙伯南布哥辖区首府奥林达的小港口。

⊙ 奥林达的富人城堡 – 油画

这里总共有 10 ~ 12 个糖厂老板，他们轮流设宴，每天聚集在一起大吃大喝，挥霍钱财。每年光喝葡萄牙酒的酒钱就达 5 万克鲁扎多，有几年竟高达 8 万。

这里的妇女和儿童穿着各色各样的丝绒、大马士革锦缎和丝绸。一些阔太太们神态傲慢，趾高气扬，既不太信奉上帝，不做弥撒，也不听布道，不做忏悔。一些先生们爱讲排场，摆阔气，不惜花 200 ~ 300 克鲁扎多，仅仅为了多买一匹西班牙小马。这种马的价格极高，而有的人竟然一次就买三四匹。

每当有钱人家的姑娘嫁给一个维亚纳当地的政要人士，那种阔气场景更是让人

⊙ 伊丽莎白一世 – 油画

画中的英国女王所穿的就是中世纪最流行的大马士革锦缎，显得格外的富贵、华丽。这就是当时在巴西的富人们出席重要场合的装扮。

惊叹，亲朋好友有的身着大马士革锦缎，有的身穿大红大绿的丝绒，有的穿戴绫罗绸缎，甚至连下人的衣服和马鞍的衬垫都是绸缎做的。婚宴那天还要举行丰富多彩的娱乐活动，如斗牛、掷棍、滚铁环、参观经院。总之，在嫁娶这样的日子里，人们可以大饱眼福。

总之，伯南布哥远远比葡萄牙国内的里斯本阔气。”

在公元 1540—1570 年间，印第安奴隶是巴西蔗糖的主要生产者。在里约热内卢的糖厂中，几乎全部劳动力都是印第安人。但不久后，印第安奴隶渐渐被黑人奴隶所取代。这一方面是由于瘟疫流行造成大量印第安奴隶的死亡，如公元 1560 年葡萄牙控制下的印第安奴隶有 3 万多人死于天花。另一方面，伊比利亚半岛的统治者不同意把印第安人变为奴隶。所以巴西的种植园主纷纷转用黑人作奴隶。到了公元 1600 年，巴西已有约 5 万名黑人奴隶，占这里奴隶总数的一半。

巴西成为葡萄牙移民的第二个祖国

巴西在不声不响地发展，而此时印度洋贸易日趋衰落。与葡萄牙在印度的情况相反，巴西原来看不见任何有组织的经济活动，如今他们利用已有资源，自己建立某种形式的组织。

为了出口巴西木，成立了最原始的企业，负责从内地采伐、运往海岸、在那里存放、看

据历史记载，公元 1504 年有人组织了一支“搜索队”。这种搜索队有时能俘获成千上万的印第安人，如公元 1574 年，有一支 550 人的“搜索队”在巴西的穆库里抓了约 7000 名印第安人，后来将他们变卖为奴隶。圣维森特和南帕拉伊巴地区的塔莫伊印第安人部落联盟，被搜索队瓦解后，曾有 1 万名印第安人被生擒为奴。

◉ 印第安奴隶在巴西

◉ 山林中的印第安人

“印第安人”这一称呼本是欧洲人对美洲土著的统称，后来通行于世界。

◉ 胡椒 –《中国植物志》

此图来自 17 世纪波兰籍天主教耶稣会来华传教士卜弥格著作《Flora Sinensis》（翻译为《中国植物志》）中的胡椒。

护以防海盗抢劫，然后装到从葡萄牙来的船只上。

制糖业更是蓬勃发展，葡萄牙移民既成了企业家又成了生产者。糖厂不仅是家庭、社会和经济生活的中心，而且还把葡萄牙移民永远系在了这块土地上，使他们把这块土地看成是他们的第二个祖国。这种现象在葡萄牙的东方殖民地上从未发生过。

葡萄牙人去东方时想的是发笔横财早点回来，而他们却把巴西看成是第二个祖国。

葡萄牙在巴西的殖民掠夺

葡萄牙在巴西的殖民活动使得很多印第安人沦为奴隶或者逃到深山老林里躲避。

葡萄牙人把土著变为奴隶的方法有多种。一种是向印第安部落购买，一种是直接掳掠印第安人为奴。还有一种是引诱印第安人为他们做雇工，起初付给他们工资，然后把他们转为债务奴隶。后一种方式主要适用于那些已经进入农耕的部落。

这些方法中最主要的是掳掠自由的印第安人为奴。为此，葡萄牙人组织武装组织深入内地抢人，这种武装组织被称为“搜索队”。在丛林里与印第安人战斗难以发挥自己的优势，葡萄牙人往往派侦探进去，先把某个部落的印第安人诱骗到沿岸地带，然后进行猎捕。

有时他们也唆使印第安部落去攻打另一些部落，然后向得胜的部落购买战俘。这些方式往往造成大量印第安人伤亡。

印度香料贸易的盈亏

当时欧洲最重要的香料是胡椒，因为它是稀有的东西。和今天一样，胡椒是人们做菜常用的佐料，不同的是在那时离开胡椒根本无法生活。

欧洲的夏初，农村里缺乏饲料，必须宰杀掉大批的牛、羊，用盐腌制、用烟烤熟或太阳晒干后才能保存。储藏鱼也得用这套办法。这些简单的加工方法之所以能够保持肉食不坏，是因为采用了胡椒防腐的缘故。

从这里可以看出胡椒的重要性和它在中世纪贸易中的作用。加工肉类用的香料还有很多，如肉豆蔻、肉桂、石竹花、生姜等。欧洲人的日常生活和工业中还使用其他一些

◉ 胡椒

胡椒原产于印度西南海岸马拉巴尔地区的热带雨林，也就是今天的印度喀拉拉邦一带。凭借独特的味道，胡椒很早就被人类发现和使用。据考古发掘，古埃及人在制作木乃伊时就使用了胡椒。公元前 4 世纪的史诗《摩诃婆罗多》中就有用胡椒佐食的记载。

◉ 公元 1519 年葡萄牙人笔下的印度洋及其周边

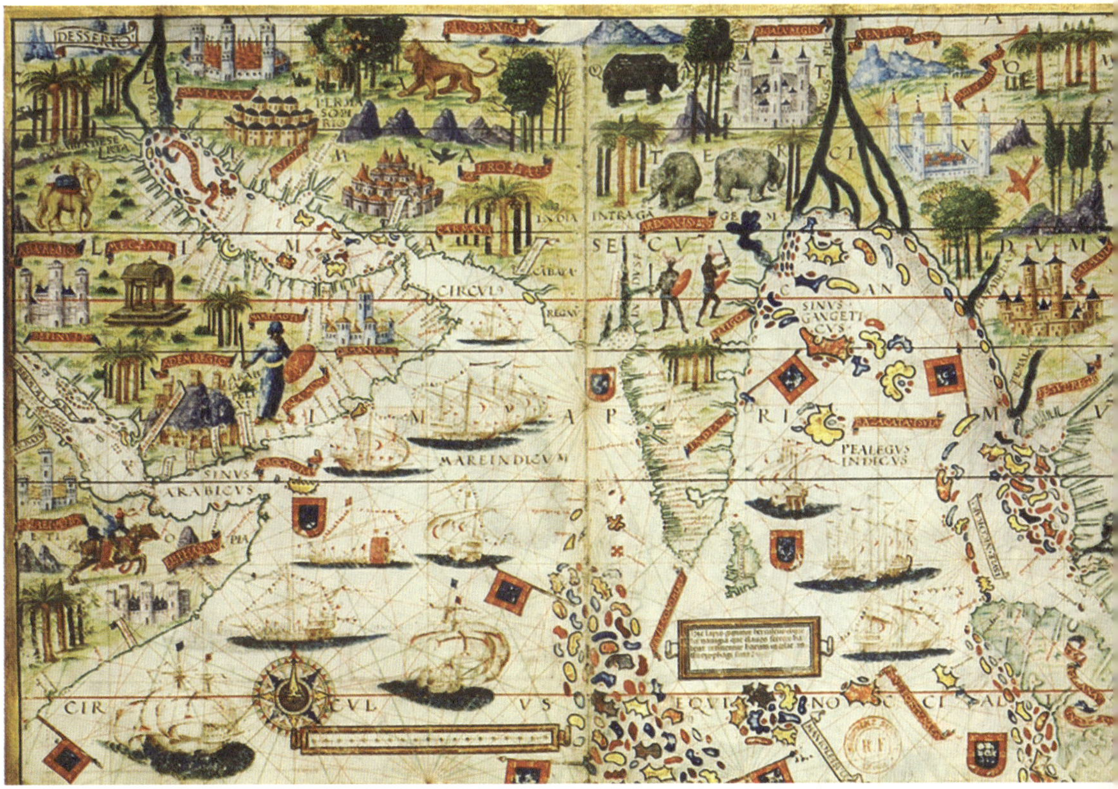

◉ 果阿圣奥古斯丁教堂遗址

这是由葡萄牙人建造的天主教堂，它曾经也像菲律宾的教堂一样装饰、雕刻精美，但由于时世改换，如今只能看到一片废墟。

香料，如松脂、阿拉伯胶、火漆等。蓝靛、巴西木、郁金草是印染工人配制染料的重要成分。芳香扑鼻的香料也用来配制化妆品。以阿拉伯人处方为基础的医学大量采用东方的药草和药料，如檀香、芦荟、樟脑等都是医生处方里常见的药材。

随着欧洲各大城市居民的增加和生活水平的提高，香料消费的数量也日益上升。由于产香料的国家相距遥远，加上需求变大，香料变得十分昂贵。意大利的威尼斯和热那亚靠经营香料贸易发了横财，东方的香料通过波斯湾和红海这条千年航道运到意大利，然后再分散到欧洲各地。

葡萄牙直接用船走海路把香料从印度运到里斯本，避免了被来往于印度和意大利之间靠贩运为生的中间商人的盘剥，使这些香料以最低廉的价格投放到欧洲市场。在欧洲，香料的价格十分昂贵，和在印度的价格相差极其悬殊。

◉ 果阿圣卡塔琳娜大教堂

圣卡塔琳娜大教堂是果阿最大的教堂，这里保持了 15—16 世纪葡萄牙时期的建筑风格和 16 世纪意大利巴洛克风格，因此果阿有“东方罗马”之称。

虽然葡萄牙垄断了对印度的贸易，但在印度这片广阔的土地上葡萄牙并没有建立起政治上的统治。葡萄牙有的只是几个陆军和海军基地，以及一个重要的行政管理基地——果阿，但是印度国土上遍布着无数大小州郡。葡萄牙曾努力使这些州郡成为葡萄牙的盟友，但是那个时候几乎所有的州郡都愿意继续通过阿拉伯商人进行出口贸易。

葡萄牙在印度、东南亚进行了许多场战争，打赢了许多仗。但是这些战争的目的不是为了从政治上控制他们，而是为了通商，为了贸易控制，为了使生产的香料只卖给葡萄牙人，而不卖给阿拉伯人，以达到对香料贸易彻底、完全的垄断。

购买香料的付款方式大部分是现金交易，但是也有以物易物的。欧洲虽然不产香料，但却有大量的其他出产，如铜、铅、水银和布匹。这些东西在印度是稀罕贵重之物。

当时的一张运货单上填写的布匹有：热那亚的平绒、佛罗伦萨的绯布、伦敦的棉布，以及荷兰的亚麻布。

但葡萄牙国内并不生产这些布匹，所以通常都得在外国购买。买时先赊欠，等到葡萄牙的船队运回香料时再付款。为此，葡萄牙在安特卫普开设了一个商行，所谓商行实际就是一个负责购买布匹，并处理葡萄牙同整个北欧贸易关系的贸易机构。当时贷款的利息比今天要高得多，因为钱的数量少，而且风险大。

◎ 安特卫普的巨人雕像

安特卫普是比利时第二大城市，这里的公民认为这座城市的名字来源于荷兰语“断掌”的意思。根据传说，古时有个巨人从经过的船长那里收取很高的通行费，年轻的勇士布拉博砍掉了这个巨人的手。

在大广场中央有一座青铜雕像，雕刻了布拉博扔巨人断掌到斯凯尔特河的优美弓形身姿，这也是斯凯尔特河恢复自由通畅的一个标志。

到了公元1524年，即葡萄牙第一次到印度航行的25年之后，葡萄牙贸易商行已经累计欠下300万克鲁扎多，这个数字相当于葡萄牙人三年贩运货物的总收入。

◉ 16世纪安特卫普的市集日

安特卫普是16世纪欧洲最富有的商业城市。
公元1500年左右，葡萄牙人选择在此地经销印度香料。

当时欧洲航海探险的高利贷利息很高，借出的钱四年内就增加一倍，也就是说年利率为25%。短期内一般是偿还不了贷款的，所以债务会像滚雪球似的越滚越大。

高额的香料利润，贸易赤字仍然在逐年增加

每年复活节期间，葡萄牙船队离开特茹河起程，抵达印度后，卸下欧洲的货物，然后装上葡萄牙商行事先买好的东方的香料。

装船的胡椒平均价格为每1金塔尔（约合51千克）约3克鲁扎多。加上旅途的开销、在印度和在里斯本储存货物的管理费、海上运输费用以及货物在船上的损耗，运到特茹河后每1金塔尔大约价值17克鲁扎多。

然后东印度公司以每1金塔尔33克鲁扎多的价格批发出售。为了满足海上运输的需要，每次必须大量进口，平均每年进口约4万金塔尔，即200万千克。

尽管如此，还是有很多贩卖者依旧很艰难地在偿还各种债务，贸易经营的赤字仍然逐年增加。

葡萄牙的隐患

在葡萄牙垄断东方贸易的100年间，其国内的工业生产几乎没有太大变化。16世纪结束时，葡萄牙的工业生产水平与13世纪相差无几，仍然是铁匠铺、瓦窑、土布纺织、制鞋、做马具、纺麻、造船等。这些生产还只是农村生活和城镇生活的补充。城市人民消费的许多东西还得依赖进口。也就是说葡萄牙全国上下都忙着通过贸易获得财富，因为贸易带来的利润非常可观，这导致

◉ 荷兰东印度公司徽标

这个时期荷兰正在快速崛起，肉豆蔻和丁香等东方贸易成了整个欧洲海洋国家的香饽饽。公元1602年荷兰成立了东印度公司，其直接目标就是葡萄牙人控制的东方殖民世界。

◉ 17世纪时的亚丁地图

在葡萄牙国内发生经济状况的时候，奥斯曼帝国迅速壮大。公元1526年，奥斯曼舰队占领了亚丁，从此红海成了奥斯曼海峡。

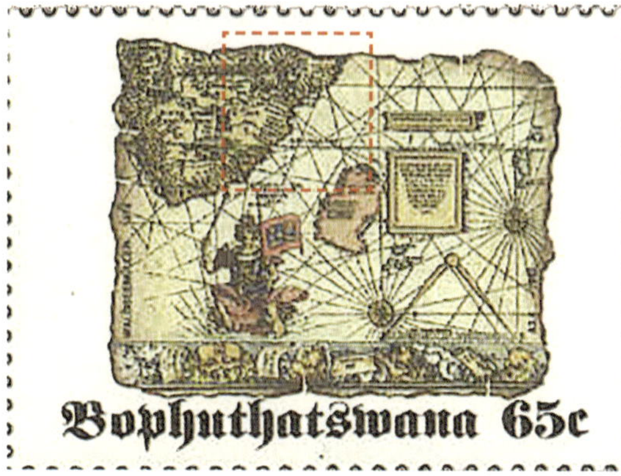

◉ 昔日的海洋之王 – 邮票上的曼努埃尔一世

邮票上的地图是由德意志地图师马丁·瓦尔德西米勒于公元 1516 年绘制的，当时的葡萄牙帝国在海外的成绩斐然，所以地图师为了讨好葡萄牙国王曼努埃尔一世，将其绘制在地图上，并冠以“海洋之王”的形象。

◉ 黎凡特港口的商人 – 油画

葡萄牙人和意大利人（比如威尼斯人和热那亚人）最早是红海贸易的竞争对手，可随着奥斯曼人的到来，他们很快成了欧洲人的竞争对手，由于早在公元 1517 年，埃及成了奥斯曼人的领土，奥斯曼人的贸易不受阻碍地发展，于是聚集了大量阿拉伯商人的黎凡特港口变得非常繁荣。

葡萄牙没有什么人愿意投资发展利润比较低的工业。于是葡萄牙的国内工业水平逐渐落后，甚至很多日用品都要进口，通过航海贸易赚来的财富又逐渐流向了欧洲的工业品生产国。

在安特卫普的香料价格大幅度上涨，进口的数量也随之增加。同印度的贸易中使许多葡萄牙人发了财，为了满足消费的需要，葡萄牙人的一切生活用品几乎都靠进口，随之导致这些商品价格开始暴涨。

根据相关资料的记载：葡萄牙里斯本进口的商品品种包罗万象，如武器、服装、家具、纸张、艺术品、地毯、粮食、马匹、车辆、船只及造船的器材、木材、贴面石、书籍、裘皮、香水及其他由于生活水平的提高而需要进口的各种物品，甚至有的资料说鸡蛋也要从外国进口。

这为以后葡萄牙的衰落埋下了隐患。

意大利人说他们的货比葡萄牙的好

随着葡萄牙运来的大量香料充斥着欧洲市场，欧洲香料市场的价格由开始的暴涨逐渐开始下跌，意大利的一些城市因此受到严

◉ 第乌之围：奥斯曼帝国围攻第乌的葡萄牙人

公元 1537—1546 年间，奥斯曼帝国多次尝试驱逐第乌的葡萄牙人，虽然均以失败告终，但在此地的葡萄牙人也付出了不小代价，虽然商人依然继续贸易，但贸易量开始逐年萎缩。

重损失，于是开始攻击葡萄牙人的商品。意大利人说他们的货比葡萄牙的好，因为他们的商品是通过陆路运输的，香料干燥不变质，葡萄牙的香料是通过长期海运，使得香料变质了。为此，葡萄牙的达米奥德戈伊斯写了一本小册子，驳斥了一个意大利的热那亚人在莫斯科王宫对葡萄牙的攻击。尽管他的回击义正辞严，但是由于葡萄牙的货物包装、存储工作不够到位，胡椒在船舱里霉烂的事情的确是存在的。

东方贸易反而使葡萄牙变得日益贫困

后来，古老的由东方往欧洲贩卖商品的陆路贸易重新恢复，葡萄牙的海上香料运输变得更加困难了。

葡萄牙的收入开始渐渐不能弥补支出，国王不得不借内债以减小赤字，为此发放了国库债券。

公元 1528 年，葡萄牙规定的内债利息为 6.25%，

由于奥斯曼人占领了亚丁，葡萄牙人无法再次进入红海，只得改道好望角进入地中海贸易，因此贸易时间延长，再加上经过好望角的危险，所以导致了正文中所说的情况（威尼斯人说的胡椒变质，以及贸易利润变薄和巨大的人员伤亡的风险）。

就用这笔钱来支付年利率为25%的外债利息。到16世纪中叶，内债比外债多了4倍。葡萄牙内债的利息只有10万克鲁扎多，而所欠外债利息达40万克鲁扎多，国内的全部积蓄通过这样的方式流到了国外。东方贸易反而使葡萄牙变得日益贫困。

大量的人员伤亡是一笔不小的开支

除了经济上的损失外，还有人员伤亡的损失。购买胡椒不仅要付出黄金，还经常伴随人员的伤亡。帆船从特茹河起锚时，船上的装载主要是人，但帆船离开印度返航时，船上装的则主要是香料。不少人在旅途中死去，也有人留在东方不再返回葡萄牙。装运香料的麻袋代替了人的重量。

海上航行的死亡率是很高的，有一个葡萄牙船长说过：有4000人同他一道登上了开往印度的航船，而下船时幸存者不过2000人。

16世纪一个叫皮拉尔得·德·拉瓦尔的法国人也说：从特茹河起程时船上有1000~1200人，活着到达印度果阿的只有200人。

除了路上的死亡外，在印度停留期间还有不少人因为不适应气候而生病死掉。回程时，因为必须在多风暴的季节渡过印度洋，所以帆船经常遇难，也造成了不少的伤亡。

这些大量的人员伤亡，均需要支付大量的抚恤金，这对贸易者来说是一笔非常大的开支。

葡萄牙巩固在印度的统治

在印度，葡萄牙虽然在经济上被帝国的沉重负担所压倒，但仍然能用武力取得一些胜利。若奥三世成为葡萄牙国王之后，感觉到葡萄牙在东方的领土因管理不力而大不如前，以致分裂瓦解，因此决定加强对印度的统治。

葡萄牙商人还有最大的一个麻烦，那就是穆斯林海盗。准确地说，他们应该是奥斯曼帝国的海军，因为这些海盗是受奥斯曼帝国调遣的。

达·伽马再次到印度，不久后死去

为了巩固对东方世界的统治，年老的达·伽马被若奥三世授予印度总督职务，于 1524 年 4 月被派往印度果阿。达·伽马在印度有“武力至上的问题调停者”的称号，他派遣了更多军舰到东非和西印度。他在 9 月到了果阿，不久就染上了疾病，并在圣诞节那天在卡利卡特死去了。

梅内泽斯总督赢得了胜利

达·伽马的继任者是恩里克·德·梅内泽斯，他在东方的统治坚强有力，镇压当地人时残酷无情，让人想起阿尔布克尔克任印度总督的时代。

◉ 郑和竖在卡利卡特的碑文

我国明朝时的航海家郑和曾于永乐三年（1405 年）冬到达卡利卡特，之后每次都会访问这里，永乐五年（1407 年）郑和在卡利卡特竖立碑亭，上曰：“其国去中国十万余里，民物咸若，熙皞同风，刻石于兹，永示万世”。

◉ 达·伽马与扎莫林国王的会晤

当达·伽马完成了第二次远航印度的使命后，得到了葡萄牙国王的额外赏赐，公元 1519 年受封为伯爵。公元 1524 年，他被任命为印度副王。同年 4 月以葡属印度总督身份第三次赴印度，9 月到达果阿，不久染疾。12 月死于柯钦。

◎ 达·伽马之后的印度总督恩里克·德·梅内泽斯

这位总督被葡萄牙国王若奥三世认为是非常不称职的，当其回国后，就被投入了大狱，开始了长达 7 年的囚犯生活。

卡利卡特人曾利用有利的时机，派一支庞大的军队，把 300 名葡萄牙驻军包围在葡萄牙人在卡利卡特建立的要塞内。300 名葡萄牙驻军挡住了卡利卡特人的围攻，闻讯后，梅内泽斯带来了一支舰队的葡萄牙援兵。虽然卡利卡特人的兵力几乎超出葡萄牙军队 25 倍，但是梅内泽斯仍然使他的士兵成功登陆，并赢得了彻底的胜利。

但是在印度，一次胜利只能解决某个局部问题。葡萄牙帝国不能停步不前，它必须继续壮大，否则就要衰亡。

葡萄牙人在第乌岛上建设军事要塞

公元 1531 年，葡萄牙的新任印度总督努诺达·达·库尼亚企图攻取实力强大的第乌城。这座城市位于果阿的北面，葡萄牙任命的第一任印度总督阿尔梅达，曾经在第乌打赢了古吉拉特和埃及马穆鲁克王朝的联合舰队，但没有占领它。库尼亚为了扩张领土，集结舰队去进攻第乌，这支舰队是当时印度洋海面上最强大的舰队，但遭到了第乌城里的古吉拉特人顽强的抵抗，葡萄牙舰队受到巨大的损失不得不退兵。

公元 1535 年，古吉拉特人的统治者巴哈杜尔受到印度莫卧儿帝国皇帝赫梅安的大军围困威吓，巴哈杜尔几乎要弃城逃往麦加。巴哈杜尔的谋臣们劝说他与葡萄牙人和解，以便得到葡萄牙的保护。于是巴哈杜尔允许葡萄牙在第乌岛上建设军事要塞。

◎ 印度总督努诺达·达·库尼亚

莫卧儿帝国战象

莫卧儿帝国鼎盛时期皇室蓄养了1000多头皇家大象，在平时用作大型表演、运输重物等用途，战时则投入战场。

巩固对印度的统治

不久，莫卧儿帝国退兵了。巴哈杜尔觉得和葡萄牙的这场交易吃了大亏，于是联合了各方势力决定把葡萄牙人赶走，甚至连奥斯曼帝国都从苏伊士派船远道来支援他。这是对第乌岛的葡萄牙军事要塞的第一次围攻。这次围攻经历了公元1538年的绝大部分时间，一直延续到了下一年。

莫卧儿帝国（1526—1857年）是突厥化的蒙古人帖木儿的后裔巴布尔在印度建立的封建专制王朝。在帝国的全盛时期，领土几乎囊括整个南亚次大陆以及阿富汗等地。莫卧儿帝国上层建筑是伊斯兰教，而基础则是印度教，波斯语是宫廷、公众事务、外交、文学和上流社会的语言。

第乌岛上的葡萄牙军事要塞的指挥官安东尼奥·达·西尔维拉统率着葡萄牙人勇敢地与来犯之敌作战。而巴哈杜尔的帮手、奥斯曼人的重型大炮——乌尔班火炮的威力远远胜过葡萄牙的小炮，葡萄牙人仅凭敢于牺牲的决心一直坚守着要塞。

由于葡萄牙人坚守的要塞久攻不下，奥斯曼人失去了兴趣，于是撤走了，其他帮助巴哈杜尔的大小势力也都相继撤军了。公元1539年年初，葡萄牙的印度总督加西亚德·诺罗尼亚带领一支配备充足的舰队赶到第乌，迫使巴哈杜尔讲和。

◉ 第乌最早的地图—绘制于公元 1572 年

控制红海的计划失败了

诺罗尼亚的继任人是达·伽马的儿子克里斯托弗·达·伽马，他看见红海出现奥斯曼帝国的战舰，感到了危险，于是采取了原来阿尔布克尔克时期的应对措施，欲在红海建立葡萄牙的统治。

公元 1541 年，克里斯托弗·达·伽马带领舰队朝着红海航道的托尔和苏伊士的方向驶去，途经亚丁湾，洗劫了萨瓦金城，然后又来到了托尔，碰巧有两个从西奈山来的传道士在那里传道，因此他没有破坏这个城市。

◉ 达·伽马的儿子克里斯托弗·达·伽马

萨瓦金城有许多美丽的故事，其中之一的故事是：埃塞俄比亚国王向苏莱曼赠送了 70 个女奴，由一艘帆船载着她们从马萨瓦出发。当到达萨瓦金港时，女奴们要求停下来休息。稍作休息后，这艘船又驶向阿卡巴港，从这个港口登陆前往耶路撒冷。在抵达耶路撒冷时，发生了一件让人瞠目结舌的事情，这 70 个女奴都有了怀孕的迹象，她们一致认为是萨瓦金的精灵玷污了她们。于是，苏莱曼下令将她们遣返至萨瓦金这个孕育罪恶的地方。她们将永远待在这里，这里就是她们和那个精灵的监牢。

◉ 萨瓦金城

萨瓦金城位于红海西海岸，是连接东西方的枢纽，几个世纪以来一直为世界诸强觊觎，从而成为冲突的多发地带。通过萨瓦金城，可以将海陆运来的商品经由陆路的沙漠陀队行销至苏丹各地。

因为气候问题，克里斯托弗·达·伽马将大部分舰队停在了托尔，他带着部分舰队继续前往苏伊士，然而他的舰队刚进入苏伊士水域，就被奥斯曼帝国的舰队围攻，幸好停靠在托尔的舰队闻讯及时赶到，克里斯托弗·达·伽马才得以脱离险境。面对如此庞大的舰队，奥斯曼帝国的舰队转瞬间在水面上消失了，然后专门偷袭落单的葡萄牙舰船，克里斯托弗·达·伽马见奥斯曼帝国舰队不与自己正面作战，只好撤退了，虽然葡萄牙的舰队威震红海，但还是没有把红海从穆斯林的手里夺过来。

◉ 硬币上的印度总督若奥·德·卡斯特罗

这位总督有个非常传奇的故事，那就是在第乌之围解决以后，第乌城几乎被夷为平地了，为了募集重建经费，贵为印度总督的若奥·德·卡斯特罗竟然向果阿市政厅筹借款项，其抵押品就是他自己的胡子。当时的葡萄牙贵族都以美髯作为身份和地位的象征（这就是为什么之前所有的总督画像都有一口修长的胡须），然而他为了保卫王国在东方的利益，竟然不惜牺牲自己的荣誉与尊严！

保住了第乌，也保住了整个葡属印度

若干年后，若奥三世任命的印度总督变成了若奥·德·卡斯特罗，而此时古吉拉特的新

◉ [硬币背面面值标识]

◉ 乌尔班火炮

乌尔班火炮在当时的名气很大。公元 1453 年，奥斯曼帝国进攻拜占庭帝国首都君士坦丁堡时就使用了这种巨炮。

在这次古吉拉特人与葡萄牙人的战斗中，古吉拉特人获得了奥斯曼帝国乌尔班火炮的支持。可见葡萄牙人赢得很吃力。

此次战斗因为若奥·德·卡斯特罗调集了大量葡萄牙士兵支援第乌，造成了果阿和第乌短时间内粮食急剧短缺，大量人员饿死。

◉ 葡萄牙人使用的小炮

统治者，打算实现前辈的愿望，在第乌消灭葡萄牙人，他悄悄地进行着围攻第乌的计划。

葡萄牙在第乌军事要塞的指挥官是若奥·马斯卡雷尼亚斯，他捉到了两个受了敌人贿赂的叛徒，他们企图点燃葡萄牙军的军火库，因而得知敌人即将进攻第乌。

第乌的葡萄牙军事要塞只有 200 人的守军，却被数以千计的古吉拉特人、奥斯曼人和埃及人所包围，处境非常危急。

包围第乌从公元 1546 年年初开始，马斯卡雷尼亚斯率众依靠坚固的要塞作为屏障，与围攻者进行了长达 8 个月之久的战争。

葡萄牙的印度总督若奥·德·卡斯特罗身在果阿，获知第乌被围困，却没有充足的兵力可支援，于是他从印度每一个葡萄牙的据点上抽调兵力，他非常机敏地暗中调动部队，通常在夜里进行，当他把所需兵力都调来果阿后，组建了一支强大的葡萄牙临时军队，此时大部分葡萄牙的东方机动兵力都在他的指挥之下，这场战斗将意味着“以整个印度为赌注”。公元 1546 年 11 月，若奥·德·卡斯特罗率领这支舰队到达了第乌，与第乌的葡萄牙守军里应外合，击溃了围困第乌的敌军，取得了全面的胜利，成了第乌岛上的绝对主人。他不但为葡萄牙人保住了第乌，而且也保住了整个葡属印度。

⊙ 中葡的第一次接触：公元 1521 年的屯门海战

葡萄牙人希望能够在广州开展贸易，但明朝早已下令海禁，几次交流不成之后，葡萄牙人便乔装改扮，滞留广州。与此同时，“满剌加国”（满剌加国是公元 1402 年由拜里米苏拉在马来亚半岛所建立的王国）王子来到大明请求复国援军。明朝礼部尚书毛澄认为葡萄牙人在广东“久滞不去，有觊觎之意”，引起了明朝上下的警觉。虽然葡萄牙人花重金收买了明朝官员，但均被嘉靖皇帝处置。公元 1521 年，嘉靖皇帝朱厚熜下旨，命广东地方官驱逐葡萄牙人，嘉靖帝诏令东南沿海各省水师“遇佛郎机船可立毁之，遇佛郎机人（指葡萄牙人）可立杀”。由此，揭开了中世纪东西方之间第一次海上较量 屯门海战。

葡萄牙在东方的扩张

最早在公元 1513 年，葡萄牙驻马六甲总督派阿尔瓦雷斯船长率船队前往遥远的中国。他表面上以商人的身份运载香料到广州销售，实际上是来打探广州的布防情况，所以没有进行官方往来。公元 1515 年又有一位为葡萄牙服务的意大利人，满载香料到珠江口进行贸易，获利 20 倍。两次接触都只是商业上的往来，没有进行官方的接触，而且葡萄牙把香料运到中国和把香料运到遥远的欧洲赚的一样多。让葡萄牙疑惑的是，每年中国都要购买大量的香料，香料生产地就在中国的大门口，但是中国人自己不去贩运香料，反而让欧洲边陲的葡萄牙把香料送上门赚了大钱。

屯门海战之后，葡萄牙人效仿日本倭寇在广东、福建、浙江等沿海地区大肆劫掠，每到一处皆“屠戮村镇，劫掠府库，掳掠人口”，甚至福建地方志还记载这些“佛郎机人”经常“烹制婴儿为食”，可谓丧心病狂的凶残强盗。

葡萄牙人对自己的海军充满信心，于是他们希望能够像占领马六甲那样占领广州，但是在大明军队的打击下，葡萄牙人屡战屡败，最终在双屿岛战役中被歼灭。直到明亡，葡萄牙人都没敢再越雷池半步。

葡萄牙发现日本

公元 1543 年，一艘从暹罗（泰国）到宁波的葡萄牙船只在途中偏离了航道，意外地来到了日本鹿儿岛县之南的种子岛，船上的人员中有 3 个葡萄牙人，他们是最早来到日本的欧洲人。

葡萄牙人带来了许多日本人不曾见过的商品，特别是其中的鸟铳，装上火药可以射中百步之外的目标。岛民非常好奇，向葡萄牙商人学习鸟铳与火药的制造方法，他们很快就学会了火药的合成法，也学会了使用鸟铳，但是精心模仿却未能制造成功。

葡萄牙人是最早到达中国沿海的欧洲人，我国东南沿海的居民把他们叫作佛郎机 (Franks)，这是撒拉逊人对所有欧洲人的称呼。但中国人在他们的语言中没有流音“R”，而且从不使用中间没有元音的两个辅音，因此把这个字读成佛郎机。但是值得一提的是，这个称谓并不特指葡萄牙人，后来西班牙人来到我国，也被称作佛郎机。

◉ 进入日本的葡萄牙人

葡萄牙人到达中国的同时也来到日本，但是日本人对他们极为欢迎。公元 1543 年，葡萄牙人就与日本九州诸侯签订和约，在当地建立商站，收购东方商品。

次年，葡萄牙人带着制造鸟铳的工匠又来到种子岛，岛主担心葡萄牙人不肯传授技术，便将女儿嫁给葡萄牙的工匠。一个多月后，岛民学会了制造鸟铳的全部技术，此后鸟铳制造就在日本传播开来。

葡萄牙人和随之而来的西班牙人，渐渐成为日本西部地区各大名的贸易伙伴，他们往来于中国澳门和日本长崎之间，用中国的生丝纺织品换取日本的白银，盈利颇为可观。

⊙ 火铳

火铳是小型的手持火铳和鸟铳，其形体和口径都较小，一般筒内装填铅弹和铁弹等物，其射程仅数十步至 200 步。便于携带，而且威力相对比较大。

澳门的崛起

这个时候的葡萄牙人已经在中国沿海很多城市与中国商人开展贸易，只是贸易仅限于小规模的在民间进行。

为了能在东方市场获得更大财富，当时的葡萄牙国王曼努埃尔一世派托梅·皮雷斯出发到

天主教在日本传播

葡萄牙人未曾考虑对日本进行殖民，他们与日本的关系是一种纯粹的贸易往来，比较平稳。但他们没有忘记在日本传播天主教。葡萄牙人在亚洲对宗教信仰持比较宽容的态度。

公元 1543 年葡萄牙商人来到日本后，天主教也随即在日本传播。第一个进入日本的传教士是耶稣会的方济各·沙勿略，他受葡萄牙国王若奥三世的派遣，以罗马教皇保罗三世使者的名义来到东方。他在日本传教三年，发展了许多信徒。

公元 1551 年他离开日本到达我国广东台山的上川岛。因明朝严格实行海禁，他无法进入中国，次年死在该岛。

此后不断有传教士来到日本，日本的天主教徒发展很快。16 世纪 80 年代，日本的教堂多达 200 多处，教徒有 15 万人，一些大名都先后入教。到 16 世纪 90 年代，教徒发展到 30 万人，占当时日本人口的 1.3%，引起了日本最高统治层的不安。此后，西班牙人、荷兰人、英国人纷纷东来传教。日本的天主教徒成为一支重要的政治势力，最后导致 17 世纪德川幕府大举禁教。

⊙ 第一位来华外交大使——“东方通”托梅·皮雷斯

托梅·皮雷斯在此之前就曾来过东方，并撰写了一部详细介绍从非洲到东海岸的亚洲诸国的地理、历史、经济、风俗等的珍贵文献《东方纪要》。

据说澳门之所以被葡萄牙盘踞，还有个缘由：公元1553年，一支葡萄牙船队停泊在广东香山县沿海，谎称自己是东南亚国家入京的“贡使”，请求借地曝晒船上的货物。同时他们花费大笔白银贿赂了广东海道副使汪柏等，最终骗过了中国官员，得以窃居澳门。
明朝政府知道葡萄牙人不可能是贡使，但是葡萄牙人一直夹紧尾巴做人，同时也来往打点，还算乖巧，对明朝官员来说，上对得起朝廷，下也能跟百姓有个交代，于是就默认了。

自公元1557年之后，葡萄牙人又开始蠢蠢欲动，直到公元1569年，明朝政府派抗倭名将俞大猷攻打澳门，明军阵式吓坏了葡萄牙人，他们不战而降了，这样收拾几次之后，葡萄牙人开始老老实实地按时按量交纳税金，直到大明灭亡，他们都没敢再作妖。

广州。皮雷斯与中国人打交道时很不愉快，他感受到当时中国人的高傲自大。当时的大明王朝自诩“天朝上国”，认为一切外国人，特别是西方人都没有资格踏上中国的神圣土地。

尽管如此，在皮雷斯的努力下，公元1557年，中国南方的小半岛澳门被地方政府租借给了葡萄牙，成为几个世纪以来欧洲人在中国的唯一立足点。在葡萄牙的努力下，澳门很快就繁荣昌盛了起来。

澳门的崛起与这个地方通商便利、气候宜人分不开。加上当时的葡萄牙正是蓬勃向上发展的时候，充满了生气。葡萄牙人管理下的澳门要在当时尚十分强大的明朝政府的眼皮底下发展，还需要更重要的条件，那就是当时明朝政府的对外贸易政策造成的弊病。

⊙ 澳门

当时明朝政府实行海禁政策，中国商人失去了与葡萄牙商人在东南亚公平竞争的机会，这使得葡萄牙人有能力在一定程度上垄断了广东与外界的贸易联系。加上这时的葡萄牙控制着马六甲，对东南亚的贸易已颇有影响，谁都很难成为他们的竞争对手。在这种情况下，地方官认为让葡萄牙人在澳门居住下来经商，可能是一个既不触犯海禁法令又能便利商业往来的权宜之计。澳门在起初是一个荒岛，对明朝来说并无利用价值。而通过葡萄牙来进行货物贸易，实现中国与东南亚各国的互通有无，是当时中国东南沿海居民和政府所需要的。

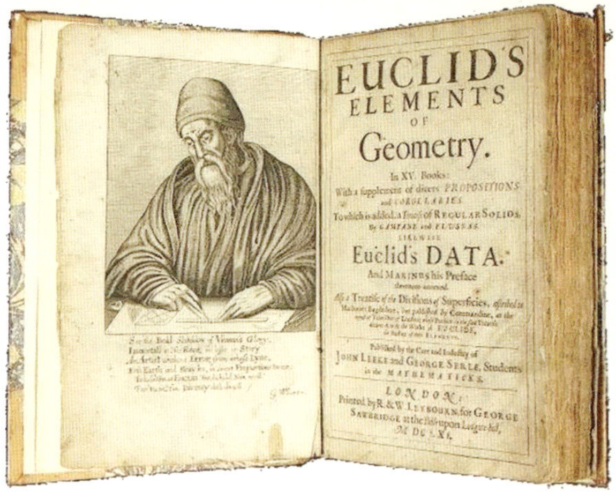

◉《几何原本》

澳门经济发展之后，不但东南沿海日益繁荣，大批西方传教士纷纷来华，而中国士大夫与西方学者的交流也日益频繁，西方的天文、数学、水利、历法等知识进入中国，明末科学家徐光启正是在澳门认识了传教士利玛窦后，二人合作翻译了西方经典数学《几何原本》。

对欧洲人来说，经由澳门使得东方文明输入欧洲，其影响更为深远，此时儒家哲学思想西传，被后来的西方启蒙思想家们所推崇，掀起了影响整个欧洲文明进程的“中国热”。

以澳门为转运中心的几条重要航线

大约与此同时，葡萄牙开通了与日本的贸易航线。于是澳门日见重要，形成了以澳门为转运中心的几条重要航线：澳门到日本长崎；澳门到马尼拉；澳门到东南亚各岛屿，如摩鹿加；最重要的是澳门—果阿—欧洲的航线。

后者是葡萄牙控制下的最重要的主航线。在大帆船时代，在这条航线上航行的葡萄牙船只每艘载重在1000~1600吨之间，可容纳五六百人。这类大帆船装满中国货物从

◉ 澳门港地图

澳门起航，越过中国南海，穿过马六甲海峡来到果阿或印度的其他港口，然后经印度洋上的马尔代夫群岛，一直航行至坦桑尼亚海岸，绕过好望角后沿非洲西海岸北上，最后抵达葡萄牙首都里斯本，全程约 19 000 多千米，运来的中国货物再从里斯本销往欧洲各国。

葡萄牙繁忙地贩运着各种货物

澳门的葡萄牙人既从果阿进口货物运到广州销售，又从广州进口货物运到果阿销售。葡萄牙的大帆船船体太大，不能溯江直到广州城，只能停在澳门，然后用小艇沿江转运。从果阿运到欧洲的象牙、天鹅绒、皮货、葡萄酒，橄榄等货物获利有限，所以葡萄牙商人的着眼点是把中国货物运回欧洲，从而获得可观的利润。为此他们带来白银，用以收购中国货物。公元 1585—1591 年间，从果阿运到澳门的白银多达 20 多万两。葡萄牙从澳门运到果阿的货物有粗白丝、黑金、铜、麝香、水银、朱砂、白糖、木材、手镯等。

◉ 昔日的澳门

澳门在历史上曾经是远东最繁荣的商埠之一，16 世纪后期到 17 世纪前期的 100 年间，是澳门转口贸易的全盛时期，澳门当时成为连接欧洲、亚洲、拉丁美洲海上丝路贸易大循环的枢纽。

塞巴斯蒂昂一世时期

公元1557年6月，若奥三世忽然因心脏病而逝世，他有11个孩子，9个是合法的，两个是私生的，可都在他之前死亡了。因此，若奥三世的继承者是他3岁的小孙子塞巴斯蒂昂一世，这是他第5个儿子的孩子。于是若奥三世的遗孀凯瑟琳和一些有势力的贵族和官员们组成了摄政机构。

公元1562年，由于民众的反对，凯瑟琳只好放弃执政，把摄政的权力交接给了塞巴斯蒂昂一世的叔祖父，也就是若奥三世的弟弟红衣主教恩里克王子。

◉ 红衣主教国王恩里克一世

红衣主教就像图中的恩里克一世一样，身着红衣，这是他们身份的象征，因为“流血”舍生亦在所不辞。红主主教在罗马帝国中是教皇的得力助手和顾问，他们享受选举教皇的权力，并且还可以反对教皇，或以监禁、放逐等形式架空教皇。

极度奢侈的贵族生活

随着葡萄牙的海外殖民以及东方贸易的发展，其国内局势更加混乱。各阶级之间的经济不平等日益加剧，国内生产力也衰退了。虽然有少数家族通过贸易、投机或对东方的掠夺发了大财，但他们经常浪费资财，或用来过奢侈的生活，或用来送厚礼给教会，很少投资于生产事业。

◉ 塞巴斯蒂昂一世

若奥三世于公元1525年与表妹奥地利的凯瑟琳结婚，后者是“疯女”胡安娜和腓力一世的女儿，也是曼努埃尔一世的最后一任妻子奥地利的埃莉诺的妹妹，也就是说他的妻子和后母是亲姐妹。

◉ 拍卖奴隶

公元 1441 年，一支葡萄牙探险队在非洲劫掠了 10 名非洲黑人并带回国销售，结果在欧洲贵族界大受欢迎，这也是欧洲人贩卖黑奴的始端。直到南北战争废除了黑奴制，公元 1889 年黑奴贸易被正式禁止，在经历 400 多年历史的三角贸易后，历史上终究留下了悲惨的一页。

公元 1571 年，有一个意大利的红衣主教访问了葡萄牙。他说，布拉甘莎公爵阁下每次举杯饮水时，他的宫殿里都要吹起喇叭，奏乐致敬。这种愚蠢的排场，在那个国家的大人物中显然是相当普遍的。但是常常在离他们的豪华住宅咫尺之内，就能看到极端贫困的景象。

塞巴斯蒂昂的出生日子正好是圣徒塞巴斯蒂安的主保节，因此而得名。圣徒塞巴斯蒂安是古罗马时期的禁卫军队长，在天主教被罗马人敌对时期（又称教难时期），被罗马皇帝戴克里先下令乱箭射死，奇迹般地竟然逃过一劫，因此才有了后来的事迹。

◉ 吉马良斯城堡——前布拉甘莎公爵府邸

布拉甘莎公爵是葡萄牙贵族中最重要的头衔之一，在公元 1640 年之后，这个家族成立了布拉甘莎王朝。

人口紧缺越发严重

由于农民经常从乡村流入城市和加入去往印度的舰队，再加上有钱的大地主越来越多地使用奴隶耕田，导致葡萄牙的农业日趋衰落。在红衣主教恩里克王子时代，有黑人被贩卖到葡萄牙，被作为奴隶使用。

虽然关于黑人进口的人数缺乏准确的数字，但也有学者对里斯本的黑奴有一定的估算：公元1550年，黑人约占城市总人口的10%。到了16世纪后期，葡萄牙乡村里的大部分农活都交给了黑人去干。

由于葡萄牙没有足够的人口，越发无力支撑帝国庞大的海外贸易事业了。葡萄牙同印度和东方的贸易越发紧密，需要的人越来越多，葡萄牙国内的人口紧张问题也越发严重。

◉ 圣徒塞巴斯蒂安－剧照

◉ 塞巴斯蒂昂一世雕像

年轻有抱负的国王

公元1568年，14岁的塞巴斯蒂昂一世开始执政，他从小受的教育就是如何统治，也就是说他从小被灌输的思想，就是军事上的英雄主义和国王的神圣地位。他认为葡萄牙是受到威胁的基督教的救星，他本人就是拯救基督教的工具，这种自信心很早就在

塞巴斯蒂昂一世在马哈赞河之战中丧生，在葡萄牙人的传说中，他将趁有雾的早晨返回拯救葡萄牙。

他身上扎下了根。随着年龄的增长，这种思想日益膨胀。在他执政的10年当中，他朝思暮想的就是如何对付异教徒。

摩洛哥穆斯林的教堂

这个年轻国王长大时身体虚弱，但富于热情和幻想。很明显，他从来不满足于扮演曼努埃尔一世和若奥三世那样的角色。他不愿意充当一个买卖药材和香料的商贩君主。他立下雄心壮志，要领导国家复兴。

被称为骑士君主，一直热衷于十字军远征

塞巴斯蒂昂一世相信自己会成为一个以耶稣之名征服非洲穆斯林的统帅。按照历史学家的说法，在他读到葡萄牙的历史时，他总是激动万分、心潮澎湃，在他阅读到公元1549—1550年葡萄牙放弃北非沿岸要塞的时候，不禁心烦意乱，悲痛不已，在孩提时代，他就梦想着征服摩洛哥，成为基督教的船长。

北非人眼中的葡萄牙士兵－雕像

◎ 进攻摩洛哥

公元 1572 年，塞巴斯蒂昂一世召集了一些支持者，准备讨伐北非的穆斯林，出发前所有战船都停泊在特茹河上，没想到遇到一场百年不遇的风暴，于是这次出征只好暂时作罢。

在塞巴斯蒂昂一世的祖父若奥三世时代，葡萄牙就放弃了征服整个摩洛哥的野心，然而塞巴斯蒂昂一世却决心重新进行这个冒险事业，根本不听谨慎的顾问们的劝谏，也不肯结婚生育王位继承人。

公元 1574 年，这位 20 岁的国王来到北非的摩洛哥，利用葡萄牙人占有的休达和丹吉尔作为基地。在北非，他为了征服摩洛哥，与有同样企图的阿拉伯人连连发生冲突，一直未能占到便宜，于是回到葡萄牙后，塞巴斯蒂昂一世就更热衷于他的十字军远征了。

塞巴斯蒂昂一世准备进攻摩洛哥时，摩洛哥正处于萨阿德王朝（又称萨迪王朝）统治之下，当时统治摩洛哥的是第 4 代君主阿卜杜拉·加里卜。

出征非洲

公元 1574 年，摩洛哥国王阿卜杜拉·加里卜去世，其子穆泰瓦基勒继承王位。奥斯曼帝国却支持阿卜杜拉·加里卜的兄弟阿卜杜拉·马利克。公元 1576 年，阿卜杜拉·马利克在奥斯曼帝国的支持下夺取了摩洛哥的王位，葡萄牙以此为借口发动

◎ 摩洛哥国王阿卜杜拉·加里卜

由于塞巴斯蒂昂一世年轻时深受耶稣会影响，加上他身体、生理上的缺陷和疾病，所以他对娶妻生子没有表现出足够的积极，仅有的一次和苏格兰女王玛丽的联姻提议，也被他置之不理，于是这才造就了他日后的继承危机。

了一场大规模的讨伐战争。照塞巴斯蒂昂一世的说法，奥斯曼帝国染指摩洛哥的王位，意味着奥斯曼帝国的苏丹想霸占整个北非。这对伊比利亚半岛和基督教的欧洲是件生死攸关的大事。

公元1578年6月，24岁塞巴斯蒂昂一世统率着他招募来的约2.5万人马，从特茹河出发，在丹吉尔登陆到达非洲战场。他的军队中有半数是葡萄牙人，其余的是从德国、荷兰、意大利、西班牙招募的雇佣军。他带上了存放在科英布拉修道院长达几百年的葡萄牙开国君主阿方索·恩里克斯的宝剑和盾牌。

塞巴斯蒂昂一世刚愎自用，孤军深入

◉ 15世纪进攻摩洛哥的十字军－油画

看到浩浩荡荡而来的葡萄牙大军，摩洛哥被废黜的苏丹穆泰瓦基勒如同看到了救星，率领部下投靠了葡萄牙，而新苏丹阿卜杜拉·马利克带领5万步、骑兵迎战。

起初，阿卜杜拉·马利克畏惧这些远道而来的葡萄牙军队，几乎没敢正面交战，而是边打边退。将塞巴斯蒂昂一世的军队诱入阿尔济拉背后的一个干燥的山区。这里远离海岸，有在非洲战争中有丰富经验的军官劝阻塞巴斯蒂昂一世放弃追逐，但他拒不听从，带着手下孤军深入追击阿卜杜拉·马利克的军队。

长期的行军和天热口渴的影响，削弱了欧洲士兵的士气和体力，而塞巴斯蒂昂一世的刚愎自用、错误的指挥，正中阿卜杜拉·马利克的下怀。

大战中的塞巴斯蒂昂一世

三国王之战

公元 1578 年 8 月 5 日，阿卜杜拉·马利克的大军突然在阿尔卡塞尔·克比尔向葡萄牙军队发动进攻。他们人数众多，塞巴斯蒂昂一世已被诱入了一个无坚可守的阵地，又远离海岸线，葡萄牙海军舰船上的大炮无法做出支援。虽然年轻的国王在交战中作战勇猛，但是终归没敌过阿拉伯人的轮番作战，只好率领军队撤退，他在横渡马哈赞河时溺死，终年 24 岁。穆泰瓦基勒也死在涨潮的河水中。阿卜杜拉·马利克则因重病于次日去世，这场战争在历史上被称为“三国王之战”。年轻的葡萄牙国王丧了命，他的军队一半战死、一半被俘，只剩下少数散兵掉头向海岸逃去才得以活命。

此战后，据那些脱险逃生的葡萄牙士兵回忆，没有人亲眼看见国王塞巴斯蒂昂一世死去，这引起了后来葡萄牙人盼望塞巴斯蒂昂一世回国的传奇故事。有很多人认为国王还活着，不久就要回到人民中来。

马哈赞河之战让葡萄牙国王丧生，军队覆灭，很多贵族子弟被俘虏。他们的家族只能卖掉很多家产来筹款、赎人。很多富裕的家庭一下子变清贫了很多，生活

摩洛哥王室秘密金典——《古兰经》

塞巴斯蒂昂一世虽然战死，但是在葡萄牙人的心目中他只是失踪了。他的失踪变成葡萄牙爱国者眼中的传奇，他成为“沉睡的国王”，总会在葡萄牙最危急的关头出现，像英国的阿瑟王、德国的腓特烈一世、东正教世界的君士坦丁十一世一样。

水平大大下降。葡萄牙这个人类历史上的第一个世界性殖民帝国葬送了自己近百年积累起来的国运，同时为两年后的葡萄牙王位继承战争埋下了伏笔。

王位继承危机

年轻的塞巴斯蒂昂一世并没有娶妻生子，而且他也没有兄弟。此时最有资格继承王位的是曼努埃尔一世的儿子、若奥三世的弟弟红衣主教恩里克王子（之前曾摄政）。

公元1578年，塞巴斯蒂昂一世战死后不久，红衣主教恩里克王子继承王位，即恩里克一世。此时恩里克一世已经66岁高龄，作为教会的神职人员他终生没有婚娶，人民希望恩里克一世得到教皇的特准，取一个年轻的妻子传宗接代。但教皇迟迟没有回应，而且恩里克一世体弱多病，几乎没有机会为王室生育继承人了。多数人都知道，一旦恩里克一世逝世，王位继承问题就会导致多位候选人的斗争，使国家陷入动乱。

◉ 王位继承人之一：布拉甘莎女公爵卡塔琳娜

恩里克一世之后葡萄牙王位继承人有三个

恩里克一世之后，葡萄牙的王位继承人呼声最高的有三个，都是曼努埃尔一世的孙子辈：分别是克拉托修道院院长安东尼奥、布拉甘莎女公爵卡塔琳娜，还有西班牙国王腓力二世。卡塔琳娜是曼努埃尔一世的孙女，但她的丈夫是一个贵族和平民都很讨厌的人，所以没什么人支持她。安东尼奥是若奥三世的另一个兄弟路易斯王子的私生子，不过他有很多的追随者。可惜红衣主教兼国王恩里克一世厌恶安东尼奥私生子的身份，宣布了一份判决书，剥夺他的葡萄牙国籍，并且以“为了我的王国和臣民的幸福安宁”为理由，把他驱逐出国。西班牙国王腓力二世在血缘关系上，对争夺葡萄牙王位最有优势，因为他的母亲是曼努埃尔一世的女儿。

继承人问题的实质变成了维护葡萄牙的独立，还是与整个伊比利亚半岛的联合。选择安东尼奥或卡塔琳娜都可以使得葡萄牙保持独立，选择腓力二世就意味着与西班牙联合或者合并。

贵族和资本家选择西班牙国王，而人民却有不同的选择

为了将葡萄牙的王位拿到手，西班牙国王腓力二世派人在葡萄牙贵族中活动，并制造舆论收买人心，因此贵族和政界要人都开始倾向于选择腓力二世，除了被收买外，他们还有自己的考量：随着葡萄牙日渐衰落，

王位继承人之一：克拉托修道院院长安东尼奥

硬币上的西班牙国王腓力二世

硬币上的葡萄牙国旗

◉ 西班牙的骄傲 – 无敌舰队

无敌舰队是一支约有 150 艘以上的大战舰、3000 余门大炮、数以万计士兵的强大海上舰队，最盛时舰队有千余艘舰船。这支舰队横行于地中海和大西洋，骄傲地自称为“无敌舰队”。

此时的葡萄牙处于一片萧条衰败之中，阶级矛盾加剧，人民起义随时都会爆发。对于有着很多财产的人来说，同西班牙的联合可以维护葡萄牙表面上的稳定，避免隐藏的危机爆发。因为一旦国家陷入内乱，就会对这些特权阶级和资本家造成巨大的损失。所以这些人希望由腓力二世来继承葡萄牙的王位，这样可以保持这些人的职务、财产和爵位，还可以避免人民暴乱的威胁。

葡萄牙的贵族和资本家们还认为，与西班牙的联合意味着两个国家的边界开放，葡萄牙同东方和巴西的贸易往来可以得到欧洲最强大的海上力量——西班牙无敌舰队的保护。总之，同西班牙的联合可以带给资本家极大的好处。甚至还有人期盼联合之后葡萄牙人去西班牙占领的中美洲开展业务。因为那里盛产白银，处于生产发展的鼎盛时期。

人民群众尤其是手工匠人、渔民和城市平民，则公开主张维护葡萄牙的独立。葡萄牙和西班牙历史上有很多的冲突和争端，很多人担心联合之后西班牙会压榨葡萄牙。人民的反西班牙情绪引起上层人物的惶恐不安。为了避免葡萄牙在王位继承问题上爆发人民运动，上层神职人员、贵族、法官、大富商都联合起来了。

恩里克一世另有主张

为了通过法律途径和平解决王位的继承问题，避免诉诸武力，恩里克一世付出了巨大努力。他强迫争夺王位的人，宣誓服从将来他选择继承人的解决方法。腓力二世认为他的地位和继承权无可争议，拒绝宣誓。

公元 1579 年，关于葡萄牙王位继承权的议会召开，决定教会、贵族和平民各选出 10 名“代言人”，这些人有能力阐明王位究竟应该属于谁。但是这只不过是避免国内爆发危机的一种法律形式，因为关于王位的继承问题，恩里克一世另有主张，他和西班牙国王腓力二世之间的秘密谈判已经在进行。

公元 1580 年，在葡萄牙议会开会期间，恩里克一世去世，他的遗嘱只字未提王位的继承问题。政权委托给 5 位总督代管，在王位继承权未确定之前，由他们行使最高权力。

⊙ 安葬恩里克一世的杰罗尼莫修道院

◉ 硬币上的安东尼奥

此硬币正面刻的是克拉托修道院院长安东尼奥的肖像，背面刻的是苍鹰，是以亚速尔群岛命名的猛禽；另外还有象征阿维什军事勋章的十字架和基督军事勋章和受难像十字架。

安东尼奥得到了人民的支持，而合法国王则是腓力二世

◉ 安东尼奥和其支持者的书信往来

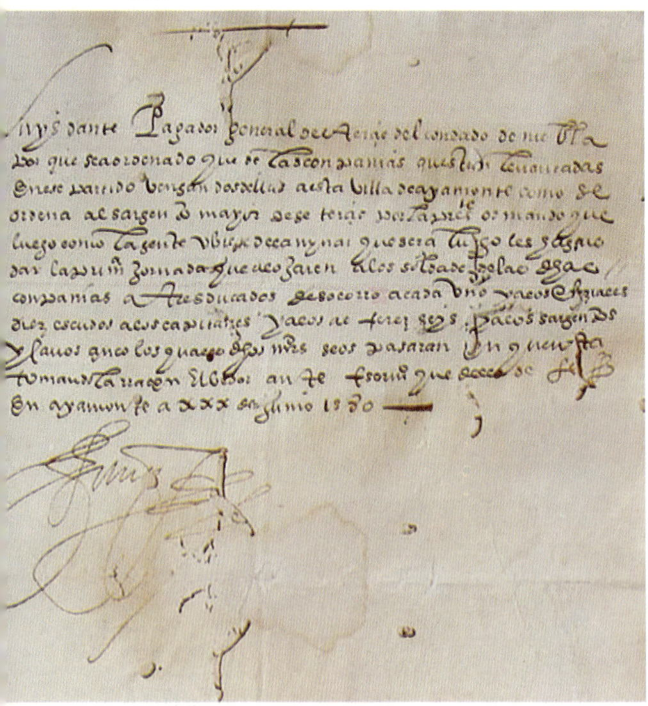

在这期间，腓力二世集结了 2 万重兵布置在葡萄牙的边境，但是却按兵不动，避免入侵，因为他也担心遭到葡萄牙人的反对。

恩里克一世死后，公元 1580 年 6 月 12 日，安东尼奥在参加一项宗教活动时，瓜尔达的主教提到了他，称他是葡萄牙王国的保卫者，这句话激起了掌声和喝彩。有一个人把手帕系到剑尖上，高呼："王旗！王旗！"安东尼奥被狂热的支持者拥戴为葡萄牙国王，随即开始向里斯本进军。首都的老百姓打开城门热烈欢迎了他，许多贵族纷纷逃跑，当时葡萄牙的 5 个执政的总督，认为这是一场早有预谋的可怕的革命，于是 5 个执政的总督连夜乘船逃奔艾亚蒙特。他们

在西班牙军队的保护下，来到了卡斯特罗马林，在这里签署了宣布腓力二世为葡萄牙合法国王的文件，宣称修道院院长安东尼奥及其追随者为叛徒。

◉ 腓力二世加冕为葡萄牙国王

葡萄牙被西班牙合并

于是集结在葡萄牙边境的西班牙精锐部队，在阿尔瓦公爵率领下，一路势不可挡地打到了葡萄牙的里斯本城下，并将里斯本团团围住。

安东尼奥见此场景有点慌乱了，企图集结兵力，但是困难重重。许多城镇虽然承认他为国王，但是只是表示支持而已，不愿意出兵。最后，安东尼奥只好以解放奴隶为交换条件，把大批奴隶编入军队，并动员监牢里的囚犯出来为他打仗。

◉ 就任葡萄牙国王的腓力二世及他的支持者

8 月 25 日，安东尼奥的军队企图阻止西班牙侵略军进入里斯本城，可想而知，一支临时组建的军队又如何抵挡得了强大的西班牙训练有素的军队呢！几次战役下来，安东尼奥的军队均惨败，公元 1581 年年初，安东尼奥不得不逃离葡萄牙，去法国和英国寻求支持了。在亚速尔群岛，法国王后卡特

◉ 葡萄牙曾经在亚洲的版图

琳·德·梅迪西援助安东尼奥成立了葡萄牙流亡政府，几次反扑都被西班牙强大的海军给镇压了，公元 1595 年，安东尼奥客死他乡。

腓力二世占领了葡萄牙后，次年被拥立为葡萄牙国王，葡萄牙就此与西班牙合并，葡萄牙的阿维什王朝被终结。

葡萄牙国王若奥二世曾经想通过联姻的方式夺取西班牙的王位，为此他让自己的儿子迎娶了西班牙公主；曼努埃尔一世更是亲自上阵，接连娶了三位西班牙公主，其目的也是借此获得西班牙王位，让葡萄牙吞并西班牙。他们的野心纷纷破灭了，没想到最后却是西班牙通过联姻的方式吞并了葡萄牙，这着实让人觉得讽刺。

合并后的葡萄牙更加衰落了

在葡萄牙持续衰落的过程中，与强大的西班牙合并后，葡萄牙本希望在西班牙的帮助下恢复往日的荣光，但西班牙只是把葡萄牙当成压榨对象，葡萄牙人大量的财富都被西班牙人夺走。在接下来的 60 年里，葡萄牙无论是在商业贸易还是殖民地开发上，在与西班牙的竞争中都处于劣势，只能被动地反击。随着荷兰的崛起，葡萄牙失去了香料贸易的垄断和控制，很多经营多年的殖民地也被抢走。后来西班牙背弃原来的政治纲领，想完全吞并葡萄牙，于是这个国家陷入了

◉ 打败西班牙无敌舰队的英国指挥官——海盗船长德雷克（手拿炮弹）

内忧外患之中。葡萄牙实在无法忍受西班牙的压榨和剥削，便又再次独立了出来。

西班牙无敌舰队失败

随着葡萄牙及其领地并入西班牙的版图，16 世纪西班牙的海上势力达到了顶峰。但西班牙的海洋霸权遇到了挑战者，这就是实力不断增长的英国海军。西班牙在大西洋和太平洋上的船队不断遭到英国海盗的袭击。

加之当时腓力二世是天主教事业的政治首领，他阴谋扶持苏格兰女王玛丽·斯图亚特取代英国女王伊丽莎白一世，而伊丽莎白一世是个新教徒，并全力支持新教和西班牙的敌人。于是两国关系日趋紧张。

◉ 英国伊丽莎白一世女王的侄女玛丽·斯图亚特

⊙ 格拉沃利讷海战（右边的大船即为无敌舰队）

据统计，公元1545—1560年间，西班牙海军从海外运回的黄金达5500千克，白银达24.6万千克。到16世纪末，世界贵重金属开采中的83%为西班牙所得。

为了防止玛丽篡权，伊丽莎白一世先是下令囚禁她，随后又判处她死刑，这导致了西班牙和英国的公开交恶。公元1588年，腓力二世决定征服英国，并为此装备了一支庞大的海军。这支远征舰队有200多艘船，其中还征用了31艘葡萄牙船只。舰队兵力达3万余人，号称“最幸运的无敌舰队”。而当时英国海军规模不大，整个舰队的作战人员也只有9000多人。两军兵力相比，众寡悬殊，西班牙占据绝对优势。但是出人意料的是，英国借助先进的火炮和有利的天气，在格拉沃利讷海战中使西班牙无敌舰队惨遭毁灭性的打击，几乎全军覆没。无敌舰队出征时的200艘船只剩53艘返航。无敌舰队的战败标志着西班牙的衰落，英国从此逐渐取代西班牙成为海上最强霸主。这对葡萄牙来说也是一次灾难，引起了葡萄牙国内的巨大反响，原本以为靠着西班牙这棵大树可以谋取利益，没想到西班牙这么快就被打败了。

掠夺金银财宝是空手套白狼最好的办法，当有英格兰来分一杯羹时，西班牙当然不肯，这才有了无敌舰队的远征。

葡萄牙屡遭巨损，荷兰人直接去东方购买香料，葡萄牙衰落更快了

原本葡萄牙与欧洲其他国家并没有什么大的矛盾和冲突，但随着与西班牙合并，西班牙的旧敌英国、法国、荷兰便开始敌对葡萄牙。腓力二世试图联合葡萄牙打败敌对国家在海上的贸易竞争和军事竞争，但敌对国家认为反击葡萄牙要比反击西班牙容易得多，于是在海上的竞争过程中葡萄牙受到了更多的损失。

西班牙无敌舰队在公元1588年因战败而覆灭，其中葡萄牙损失了近30艘船，给葡萄牙造成巨大的损失。次年，英国再对西班牙进行军事行动，派部队攻打葡萄牙的里斯本。

公元1594年，西班牙同荷兰开启了战争，腓力二世对荷兰实施了经济压制，却导致葡萄牙又一次承受了主要的伤害。虽然荷兰正在与西班牙作战，但荷兰商人依旧是可以通过葡萄牙里斯本进行贸易的，然而腓力二世却没收了荷兰停靠在里斯本特茹河的50艘商船，并严禁葡萄牙、西班牙与荷兰再有任何贸易往来。这导致

◉ 荷兰皇家海军旗帜

荷兰皇家海军又称荷兰海军，成立于公元1488年1月8日。后来在八十年战争中从哈布斯堡家族统治下的尼德兰独立而出。

◉ 无敌舰队的覆灭

◉ 航行于亚洲的葡萄牙商船

葡萄牙失去了很多有价值的贸易订单，也失去了销售殖民地产品到欧洲其他国家的有效渠道。

荷兰失去了葡萄牙这个进货渠道后，就直接跳过葡萄牙去东方购买香料和其他商品，不再依赖葡萄牙。公元1597年，荷兰的第一批船从爪哇岛满载而归，里斯本认识到了严重危机。荷兰人比葡萄牙人更善于经商，而在欧洲销售货物，荷兰的城市又有较优越的位置。由于地理上的偏僻，里斯本从来不是一个理想的货物集散地。荷兰人的积极进取，使得贸易和货物集散中心后来转移到阿姆斯特丹。公元1602年荷兰人创立东印度公司时，葡萄牙的衰落越来越明显了。

◉ 英国海盗女王伊丽莎白一世

在强大的西班牙海军的威胁之下，时任英国女王的伊丽莎白一世提出了重要的海盗政策，即给予海盗“抢劫通行证”，利用海盗的力量打击西班牙以及其他海上力量。

⊙ 跟在葡萄牙人身后的印度贵族

葡萄牙的海外殖民地渐渐被蚕食

葡萄牙虽然一直在衰落，但还没有失去任何重要的领土。葡萄牙还有机会恢复繁荣昌盛。公元 1598 年腓力二世去世，他之后的西班牙国王腓力三世和腓力四世都是才能平庸的君主。

16 世纪，葡萄牙人多次帮助刚果王国平定内部部落战争和人民起义，葡萄牙殖民势力也因此渗透刚果政权。开始了从 1640—1822 年葡萄牙－巴西－阿尔加维联合王国的统治时期。

⊙ 荷兰东印度公司门楣 –17 世纪

荷兰东印度公司自成立之始，就开始不断地蚕食葡萄牙的海外殖民地，挤兑葡萄牙的海洋贸易份额，使其对东亚及美洲各地的控制力趋于衰弱。

荷兰人改造了葡萄牙在殖民地的建筑

在西班牙腓力三世统治时期，葡萄牙的殖民地巴西受尽了苦难。荷兰在香料贸易中不断蚕食葡萄牙的市场份额，实力日渐雄厚。

到了腓力四世统治时期，荷兰又在英国的帮助下袭击了葡萄牙占领的莫桑比克、锡兰、马六甲、中国澳门和马鲁古群岛。另外，英国在巽他群岛设防，控制了马六甲海峡，使葡萄牙完全失去了这个具有战略意义的航路的控制。在印度，他们取得了离第乌不远的苏拉特，并在印度夺取商业霸权。

荷兰对巴西这块大肥肉也产生了浓厚的兴趣，荷兰人不断地袭击巴西沿海葡萄牙人的居留地，在这个过程中，葡萄牙节节败退，葡萄牙在巴西的领土逐渐丧失。到公元 1640 年葡萄牙摆脱西班牙的统治时，巴西几乎丧失殆尽了。

而此时西班牙的哈布斯堡王朝的无能统治一定程度上促成了葡萄牙殖民帝国的崩溃，

巴西独立 –1844 年油画

但最主要的原因还是葡萄牙成为荷兰、英国和法国等更强大的国家发展道路上的障碍。

葡萄牙再次独立

公元1640年12月15日，葡萄牙的布拉甘莎公爵若奥在一些贵族的支持下，利用西班牙国内外不安定的局势，领导葡萄牙人起义，脱离了西班牙的统治，建立了葡萄牙布拉甘莎王朝，若奥成为葡萄牙国王，号称若奥四世。葡萄牙近60年被西班牙统治的时代从此结束了。

葡萄牙终于又独立了，接下来的日子里，葡萄牙努力坚守和巩固独立。后来葡萄牙逐渐恢复实力并重新夺回对巴西的控制，虽然未能达到巅峰时期的辉煌，但是葡萄牙人还是再次富裕了起来。

若奥四世时期的标准流通币

光复者若奥四世